U0360303

SHANGHAI SCIENCE AND
TECHNOLOGY INNOVATION CENTER
INDEX REPORT
2021

上海科技创新
中心指数报告
2021

上海市科学学研究所　编著

2021

上海交通大学出版社
SHANGHAI JIAO TONG UNIVERSITY PRESS

内容提要

本书遵循"创新3.0"时代科技创新与城市功能发展规律，以创新生态视角，着眼于全球创新资源集聚力、科技成果国际影响力、新兴产业发展引领力、区域创新辐射带动力和创新创业环境吸引力，构建了包括5项一级指标、共计31项二级指标的上海科创中心指数指标体系，并以2010年为基期（基准值为100），合成了2010—2020年的上海科技创新中心指数。

本书可供相关研究人员和政府部门参考。

图书在版编目（CIP）数据

上海科技创新中心指数报告. 2021 / 上海市科学学研究所编著. —上海：上海交通大学出版社，2022.12
ISBN 978-7-313-27911-8

Ⅰ.①上… Ⅱ.①上… Ⅲ.①科技中心—指数—研究报告—上海—2021 Ⅳ.①G322.751

中国版本图书馆CIP数据核字（2022）第224320号

上海科技创新中心指数报告2021
SHANGHAI KEJI CHUANGXIN ZHONGXIN ZHISHU BAOGAO 2021

编　　著：上海市科学学研究所
出版发行：上海交通大学出版社　　　　　　　地　　址：上海市番禺路951号
邮政编码：200030　　　　　　　　　　　　电　　话：021-64071208
印　　制：上海锦佳印刷有限公司　　　　　　经　　销：全国新华书店
开　　本：889 mm × 1194 mm　1/16　　　　印　　张：5
字　　数：124千字
版　　次：2022年12月第1版　　　　　　　　印　　次：2022年12月第1次印刷
书　　号：ISBN 978-7-313-27911-8
定　　价：98.00元

编写组名单

主　　编： 张宓之

副 主 编： 何雪莹　张　宇

编写人员： 常　静　王雪莹　胡曙虹　张伟深　吴和雨

　　　　　　顾震宇　刘华林　王　茜　王　杨　阮　妹

　　　　　　吴靖瑶

PREFACE
前言
2021

党的二十大精神指出要统筹推进国际科技创新中心建设，上海加快实现具有全球影响力的科技创新中心功能全面升级，为我国进入创新型国家前列提供坚实支撑。

为了更好地把握科技创新中心发展的规律和需求，及时客观地监测和评估科创中心发展成效，自2016年起，在上海市科学技术委员会的指导和支持下，上海市科学学研究所组织课题组，开展了上海科技创新中心指数的研究与编制工作。本书以翔实的数据统计分析为基础，以深化的数据结构分析为支撑，力求反映上海科技创新发展的主要特征、趋势及薄弱环节。《上海科技创新中心指数报告2021》是该系列报告的第6期。

本书遵循创新理论与国际科技创新中心城市的发展规律，以创新生态视角切入，着眼于全球创新资源集聚力、科技成果国际影响力、新兴产业发展引领力、区域创新辐射带动力和创新创业环境吸引力"五个力"，构建了包括5项一级指标、共计31项二级指标的上海科创中心指数指标体系，并以2010年为基期（基准值为100），计算得出2010—2020年的上海科技创新中心指数分值，同时部分指标对标国内与国际，为上海建设具有全球影响力的科技创新中心提供支撑与参考建议。

上海市科学学研究所

2022年12月

CONTENTS 2021

目录

1

2021年上海科技创新中心
指数概览

- 2021年上海科技创新中心指标体系基本框架
- 上海科技创新中心综合指数发展情况
- 上海科技创新中心指数一级指标发展情况
- 上海科技创新中心指数二级指标发展情况

SSTIC Index[2021]

1.1 2021年上海科技创新中心指标体系基本框架

为进一步跟踪上海科技创新中心发展情况，体现科技创新发展优势和短板所在，推动上海形成具有全球影响力的创新策源中心，2021年上海科技创新中心指数以全球创新资源集聚力、科技成果国际影响力、新兴产业发展引领力、区域创新辐射带动力、创新创业环境吸引力为一级指标，形成了指标体系的基本框架。整个指标体系共计5个一级指标和31个二级指标，如表1-1所示。

全球创新资源集聚力包括全社会研发经费投入相当于GDP的比例、规模以上工业企业研发经费与主营业务收入之比、每万人R&D人员全时当量、基础研究占全社会研发经费支出比例、创业投资及私募股权投资总额、国家级研发机构数量、科研机构和高校使用来自企业的研发资金7项指标。

科技成果国际影响力包括国际科技论文收录数、国际科技论文被引数量、PCT专利申请量、每万人口发明专利拥有量、国家级科技成果奖励占比、500强大学数量及排名、全球"高被引"科学家上海入围人次7项指标。

新兴产业发展引领力包括全员劳动生产率、科技企业孵化器在孵企业从业人员数、战略性新兴产业制造业增加值占GDP比重、每万元GDP能耗、全市高新技术企业总数、技术合同成交金额6项指标。

区域创新辐射带动力包括外资研发中心数量、向国内外输出技术合同额、向长三角（苏浙皖）输出技术合同额占比、高新技术产品出口额、《财富》500强企业上海本地企业入围数和排名5项指标。

创新创业环境吸引力包括环境空气质量优良率、研发加计扣除与高企税收减免额、公民科学素质水平达标率、新设立企业数占比、固定宽带下载速率、上海独角兽企业数量6项指标。

表1-1 上海科技创新中心指数指标体系

一级指标	二级指标	
全球创新资源集聚力	**全社会研发经费投入相当于GDP的比例**	★
	规模以上工业企业研发经费与主营业务收入之比	
	每万人R&D人员全时当量	★
	基础研究占全社会研发经费支出比例	★
	创业投资及私募股权投资总额	
	国家级研发机构数量	
	科研机构和高校使用来自企业的研发资金	
科技成果国际影响力	国际科技论文收录数	
	国际科技论文被引数量	
	PCT专利申请量	★
	每万人口发明专利拥有量	★
	国家级科技成果奖励占比	
	500强大学数量及排名	
	全球"高被引"科学家上海入围人次	
新兴产业发展引领力	**全员劳动生产率**	★
	科技企业孵化器在孵企业从业人员数	
	战略性新兴产业制造业增加值占GDP比重	★
	每万元GDP能耗	
	全市高新技术企业总数	
	技术合同成交金额	
区域创新辐射带动力	外资研发中心数量	
	向国内外输出技术合同额	★
	向长三角（苏浙皖）输出技术合同额占比	
	高新技术产品出口额	
	《财富》500强企业上海本地企业入围数和排名	
创新创业环境吸引力	环境空气质量优良率	
	研发加计扣除与高企税收减免额	
	公民科学素质水平达标率	
	新设立企业数占比	★
	固定宽带下载速率	
	上海独角兽企业数量	

左侧竖排：上海科技创新中心指数

注：加★的指标为核心指标。

如图 1-1 所示，2020 年上海科技创新中心指数达到 383.54 分，同比增长 15.32%，连续 9 年保持两位数增长，10 年来年均增速 14.39%，远高于上海近 10 年 GDP 平均增速 8.01%，上海科技创新中心建设的基本框架构建已经初步完成，正处于向实现功能全面升级转变的新阶段。从总体发展趋势来看，呈现以下两个基本特征。

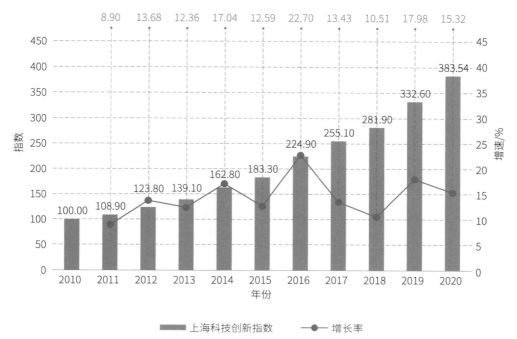

图 1-1 上海科技创新中心综合指数及增长率情况

 **第一**

上海科技创新中心指数呈现稳步增长

2020 年上海科技创新中心指数综合得分为 383.54 分，其中"十三五"时期年均增速高达 15.91%，科技创新中心基本框架体系的形成正推动科技创新发展不断加速。

 第二

上海面向"十四五"实现功能全面升级

随着 2020 年《上海市推进科技创新中心建设条例》的发布，上海在创新主体、创新人才、创新能力、创新生态等方面不断发力，不断提升核心功能与实力。

1.3 上海科技创新中心指数一级指标发展情况

2020年上海科技创新中心指数一级指标发展情况如图1-2和图1-3所示,相比近年来的发展动态,呈现出明显的分化趋势。

从具体指标发展情况来看,上海科技创新中心建设展现出了三个重要转向。

第一,从"投入"阶段逐步转向"收获"阶段

2015年年末,上海科技创新中心建设的创新资源投入最为集中,全球创新资源集聚力高达206分,显著高于其他一级指标,科技成果国际影响力和新兴产业发展引领力仅为183分和196分。2020年全球创新资源集聚力为262分,增幅最小,科技成果国际影响力和新兴产业发展引领力已达473分和420分,大幅反超全球创新资源集聚力。科技创新发展的成效显现,科创中心建设迎来了阶段性成果。

第二,从"高速增长"阶段转向"高质量发展"阶段

截至"十三五"初期,各项指标基本遵循线性增长规律,呈现出了高速增长态势,2020年,诸多反映科技创新总量性的指标基本处于平稳态势,增长动力滞缓,如高新技术产品出口额维持在5 700亿元左右。相反,一些反映结构性的指标开始呈现新一轮增长:"十三五"初期,全社会研发强度在3.6%左右波动,2020年快速增长至4.17%;技术合同成交额占GDP的比重从2010—2017年始终维持在2.8%左右,2020年大幅提升至4.7%;高新技术企业占所有企业比重从2016年的4.17‰提高到了2020年的7.03‰。

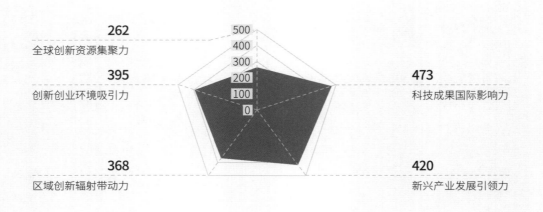

图1-2　上海科技创新中心指数各一级指标发展情况

第三，从"创新极化"阶段转向"创新组团"阶段

"十三五"时期，上海科技创新中心建设进一步加大了上海与长三角腹地的联动，深入贯彻长三角高质量一体化发展的国家战略，区域创新辐射带动力在"十三五"时期已经翻番，从2015年年末的164分提高到了2020年的368分。其中，向长三角输出的技术合同额占上海成交技术合同额的比重从2015年年末的6.75%提高到了2020年的14.66%。

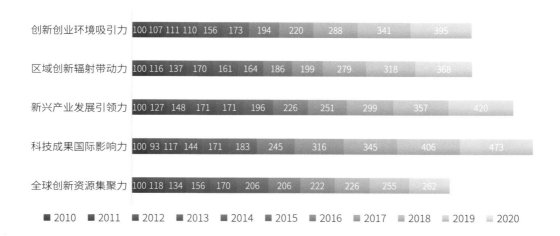

图1-3 上海科技创新中心指数各一级指标增长趋势

1.4 上海科技创新中心指数二级指标发展情况

根据近3年的二级指标增长率情况（见表1-2），全球"高被引"科学家上海入围人次增幅最大，为2.56倍。增幅排名第二的指标为向长三角输出技术合同额，为1.68倍。增幅排名第三的指标为固定宽带下载速率，为1.45倍。增幅排名第四的指标为向国内外输出技术合同额，为1.43倍。增幅排名第五的指标为高新技术企业数量，为1.23倍。此外，目前增速与发展较缓慢的指标包括创业投资及私募股权投资总额、国家级科技成果奖励占比、科研机构和高校使用来自企业的研发资金，均呈现负增长的态势，说明上海科创中心建设的产学研合作及全球科技创新影响力还需要进一步增强。

从二级指标增速结果可以看出：一方面，"高被引"科学家为上海前沿科学成果的新发现奠定了基础，对于顶尖人才的重视更是成为上海当前科技创新发展的重点所在；另一方面，上海向长三角及国内外输出的技术合同成交额不断攀升，助力高新技术企业加快孕育成长，引领上海打造重点产业高地。

表1-2 上海科技创新中心指数各二级指标发展情况

一级指标	序号	二级指标	增长率	排名	上海科技创新中心指数	
					增长率 ▬	
					排名 ┼	
					-0.5	3.0
全球创新资源集聚力	1	全社会研发经费投入相当于GDP的比例 ★	0.1393	22		
	2	规模以上工业企业研发经费与主营业务收入之比	0.1620	18		
	3	每万人R&D人员全时当量 ★	0.2105	17		
	4	基础研究占全社会研发经费支出比例 ★	0.0260	26		
	5	创业投资及私募股权投资总额	-0.1608	31		
	6	国家级研发机构数量	0.2733	14		
	7	科研机构和高校使用来自企业的研发资金	-0.1332	29		
科技成果国际影响力	8	国际科技论文收录数	0.2733	15		
	9	国际科技论文被引数量	0.6868	9		
	10	PCT专利申请量 ★	1.0216	8		
	11	每万人口发明专利拥有量 ★	0.4096	10		
	12	国家级科技成果奖励占比	-0.1546	30		
	13	500强大学数量及排名	0.3620	11		
	14	全球"高被引"科学家上海入围人次	2.5600	1		
新兴产业发展引领力	15	全员劳动生产率 ★	0.2787	13		
	16	科技企业孵化器在孵企业从业人员数	0.0067	28		
	17	战略性新兴产业制造业增加值占GDP比重 ★	0.1524	20		
	18	每万元GDP能耗	0.2898	12		
	19	全市高新技术企业总数	1.2261	5		
	20	技术合同成交金额	1.0925	6		
区域创新辐射带动力	21	外资研发中心数量	0.1291	23		
	22	向国内外输出技术合同额 ★	1.4333	4		
	23	向长三角（苏浙皖）输出技术合同额占比	1.6752	2		
	24	高新技术产品出口额	0.0117	27		
	25	《财富》500强企业上海本地企业入围数和排名	0.1145	24		
创新创业环境吸引力	26	环境空气质量优良率	0.1580	19		
	27	研发加计扣除与高企税收减免额	1.0365	7		
	28	公民科学素质水平达标率	0.1451	21		
	29	新设立企业数占比 ★	0.0756	25		
	30	固定宽带下载速率	1.4522	3		
	31	上海独角兽企业数量	0.2222	16		
					No.31	No.1

注：二级指标增长率情况为近3年平均增长率数据。

2

全球创新资源集聚力
研究分析

- 全社会研发经费投入相当于GDP的比例稳步增长

- 企业研发投入不断提升

- 研发人员总量趋稳

- 基础研究投入有待提升

- 风险投资高位波动

- 战略科技力量不断加强

- 科研机构和高校使用来自企业的研发资金

SSTIC Index[2021]

2.1　全社会研发经费投入相当于GDP的比例稳步增长

近年来,上海全社会研发投入比重逐年增大,投入强度已经走在世界前列。2020年全社会研发经费投入相当于GDP的比重为4.17%,较2019年提高0.17个百分点。全社会研发投入2020年为1 615.69亿元(见图2-1),同比增长5.98%。研发投入的规模持续增长,为全社会科技创新发展提供了坚实的基础与保障。

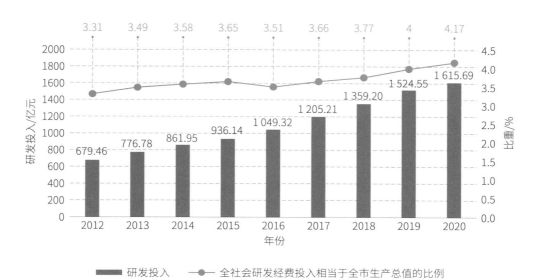

**图2-1　上海研发投入和全社会研发经费投入
相当于GDP的比例情况**

数据来源:根据历年《上海科技统计年鉴》整理而得。

从研发结构来看,企业创新主体地位逐年增强,2020年企业投入研发资金1 026.75亿元(见图2-2),同比增长12.77%,成为全社会研发投入最大的主体。同时,创新驱动发展战略不断推动政府加大科技创新投入,2020年政府资金投入研发526.54亿元,2012—2020年平均增速高达11.2%,增幅平稳。

从研发资金执行来看,企业创新活力不断提升,2020年企业执行研发资金1 057.08亿元(见图2-3),同比增长10.35%,增长势头较猛。此外,高等院校和科研机构共执行研发资金530.15亿元,不断提升基础研究实力与技术创新水平,提供创新成果源头供给。

从横向对比来看,研究与试验发展(R&D)经费投入超过千亿元的省(市)有8个。广东省以3 479.9亿元、江苏省以3 005.9亿元成为研发投入超过3 000亿元的省份,北京市超过2 000亿元紧随其后,浙江省、上海市和山东省分列第四至第六位。2020年比2019年增加了湖北省和四川省,四川省2020年研发投入为1 055.3亿元,湖北省为1 005.3亿元。在研发强度方面,排名前三的分别是北京市、上海市和广东省,研发强度分别为6.44%、4.17%和3.14%(见图2-4),领先于全国其他省(市)。

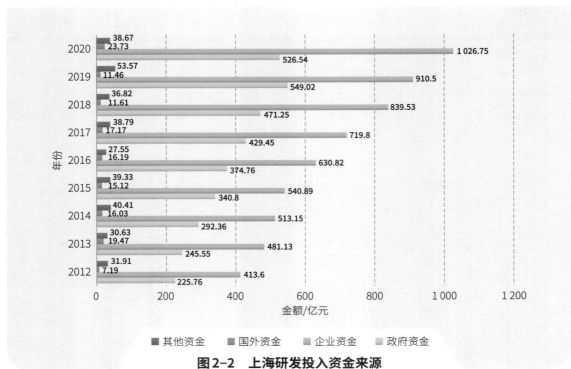

图2-2 上海研发投入资金来源

数据来源：根据历年《上海科技统计年鉴》整理而得。

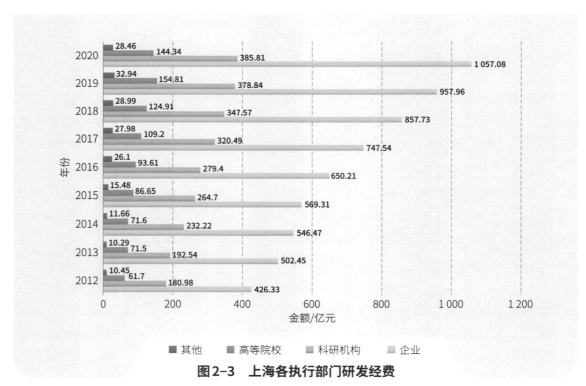

图2-3 上海各执行部门研发经费

数据来源：根据历年《上海科技统计年鉴》整理而得。

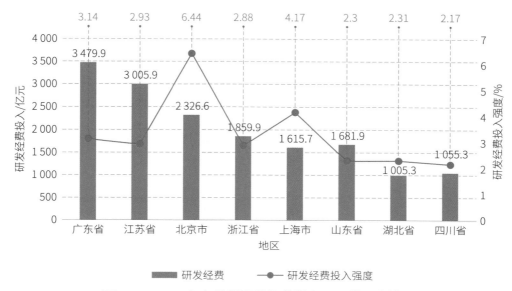

图2-4 2020年各地区研发经费投入及研发强度情况

资料来源：国家统计局.中国科技统计年鉴2021[M].北京：中国统计出版社，2021.

在2010—2020年各省（市）研发经费投入累计值排名中，上海市以11 088亿元位列第六（见图2-5），与广东省、江苏省、北京市等地研发经费投入存在一定差距。在增速方面，上海市2010—2020年研发投入的复合增长率为12.86%，处在全国平均水平。从目前发展趋势来看，广东省、江苏省和浙江省的研发投入会继续保持较高速增长，成为全国科技创新投入持续发力的梯队。

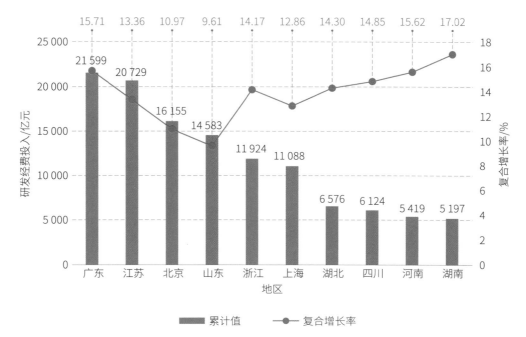

图2-5 2010—2020年各地区研发经费投入累计总量及复合增长率情况

数据来源：根据历年《中国科技统计年鉴》整理而得。

企业研发投入不断提升

2020年上海规模以上工业企业研发经费占主营业务收入之比为1.65%,相较于2019年的1.53%,同比增长7.84%,相比于2015年起连续5年基本保持在1.40%上下波动的势态有了很大的提升(见图2-6)。"十四五"规划纲要提出,将实施更大力度的研发费用加计扣除、高新技术企业税收优惠等普惠性政策。在政府政策的指引下,企业投入研发的热情会进一步提升。

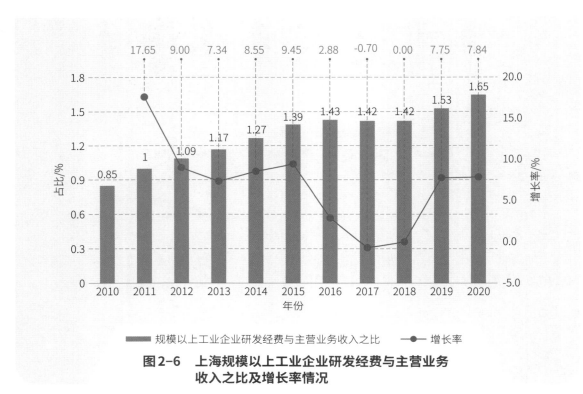

图2-6 上海规模以上工业企业研发经费与主营业务收入之比及增长率情况

数据来源:根据历年《上海科技统计年鉴》整理而得。

从规模以上工业企业研发投入最多的各地区和城市的比较中可以看出,2020年江苏省规模以上工业企业研发经费占主营业务收入比重最高,达到1.97%,浙江省为1.78%,湖南省、广东省、安徽省依次为1.71%、1.70%和1.66%,上海市位列第6位,规模以上工业企业研发经费占主营业务收入比重为1.65%(见图2-7)。总体来看,长三角地区的三省一市均跻身前十,规模以上工业企业研发投入不断增强,是科技创新有效促进经济发展的重要基石。

2020年,上海规模以上企业研发经费支出为635.01亿元。按不同类型企业分类,上海内资企业研发支出为335.65亿元,占规模以上企业研发总支出的52.86%。同年,浙江省、北京市、广东省、江苏省规模以上内资企业研发支出占企业总研发支出比重均高于上海市,分别为80.32%、76.43%、75.71%和70.89%(见表2-1)。可见,上海市内资企业研发投入比重相对较低,内资企业创新动能的提升将是未来政策引导的关键。

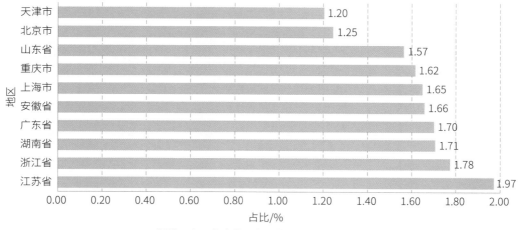

图2-7 2020年各地区规模以上工业企业研发经费与主营业务收入之比

数据来源：根据各地区2021年统计年鉴整理而得。

表2-1 各地区规模以上工业企业研发经费支出情况

地区	规模以上企业研发经费支出（亿元）	内资企业研发支出（亿元）	内资企业研发支出占企业总研发支出比重（%）
上海市	635.01	335.65	52.86
北京市	297.42	227.31	76.43
江苏省	2 381.69	1 688.30	70.89
浙江省	1 395.90	1 121.21	80.32
广东省	2 499.95	1 892.69	75.71

数据来源：根据各地区2021年统计年鉴整理而得。内资企业包括国有企业、私营企业等在内的8种类型。

上海市龙头企业行业领域众多 创新型旗舰企业缺乏

从龙头企业分布和发展情况来看，《2021年欧盟产业研发投入记分牌》报告显示，2020—2021年全球研发投入最多的2 500家企业中，上海有45家企业入选（见表2-2）。上海创新能力强的规模以上工业企业仍占据创新发展的主导地位。

表2-2 上海入选记分牌的2 500家企业

行业领域	企业数量	数量占比（%）	投入规模（亿欧元）	投入占比（%）
医药与生物技术	7	15.6	8.51	7.9
软件与计算机服务	7	15.6	5.803	5.4
电子与电气设备	5	11.1	5.567	5.2
工业工程	4	8.9	10.91	10.1
建筑与材料	3	6.7	13.848	12.8
化工	3	6.7	1.883	1.7
汽车与零部件	2	4.4	21.448	19.8
一般零售	2	4.4	9.113	8.4
技术硬件与设备	2	4.4	5.842	5.4
房地产投资与服务	2	4.4	1.897	1.8
支持服务	2	4.4	0.949	0.9
旅游与休闲	1	2.2	9.561	8.8
工业金属与采矿	1	2.2	9.173	8.5
健康护理设备与服务	1	2.2	1.414	1.3
普通工业	1	2.2	0.923	0.9
移动通信	1	2.2	0.796	0.7
金融服务	1	2.2	0.46	0.4
总计	45	100.0	108.097	100

数据来源：根据《2021年度欧盟产业研发投入记分牌》整理而得。

从旗舰型企业创新发展情况来看，美国谷歌公司2020—2021财年研发经费投入达225亿欧元（2020年为232亿欧元），连续2年位列榜首，中国华为公司和美国微软公司分别为175亿欧元和169亿欧元，分列第2、3位（见图2-8）。其中，我国的华为公司研发投入逐年增大，2018年和2019年一直排在第5位，2020年首次进入前三强，2021年排名再次提升。相对而言，2020年上海排名第一的上海汽车研发投入仅为18.67亿欧元（中国第11位，世界第83位），与全球顶尖跨国公司研发投入相比仍存在一定差距。

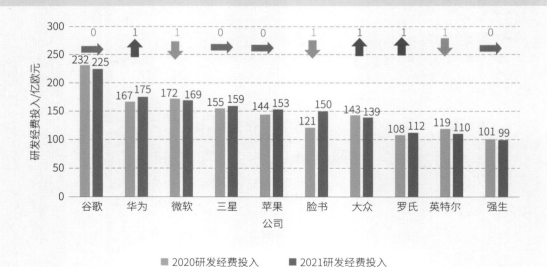

图2-8 全球研发投入前10名企业投入金额与排名

数据来源：根据《2021年度欧盟产业研发投入记分牌》整理而得。

2.3 研发人员总量趋稳

2020年上海每万人拥有研发人员92人年,相较前3年有显著提升,同比增长13.58%(见图2-9)。研发人员总量不断增加,人才驱动创新发展的格局已初具规模,2017—2019年,每万人研发人员基本维持在78人年左右。上海加快建设高水平人才高地,让各类人才汇聚上海,为上海科技创新中心建设提供源源不断的人才支撑。

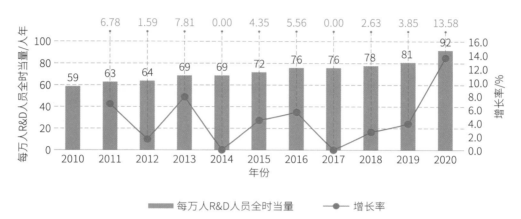

图2-9 上海每万人R&D人员全时当量及增长率情况

数据来源:根据历年《上海科技统计年鉴》整理而得。

从研发人员构成来看,上海2020年规模以上工业企业拥有研发人员全时当量为87 957人年(见图2-10),同比增长9%。高校与科研院所的研发人员则保持长期稳定增长趋势,在基础研究及应用研究领域发挥着重要作用。上海不断强化科技创新策源能力,优化科技创新人才体系,建设高水平人才高地。

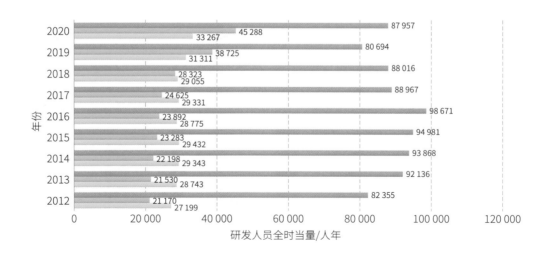

图2-10 上海各执行部门拥有研发人员情况

数据来源:根据历年《上海科技统计年鉴》整理而得。

2.4 基础研究投入有待提升

2020年上海基础研究投入为128.28亿元，占所有研发投入的比重为7.9%（见图2-11）。2012年至今，上海基础研究投入占比始终维持在7%～8%，其中2019年为波峰，达到了8.90%。根据《上海市科技创新"十三五"规划》的目标，2020年上海基础研究投入占比应达到10%，实际仍存在一定差距，但总体趋势仍然向好。《上海市建设具有全球影响力的科技创新中心"十四五"规划》提出：到2025年，基础研究经费支出占全社会R&D经费支出的比例为12%。随着上海布局一批国家和地方战略科技力量，引导基础研究投入的政策相继出台，未来上海在基础研究投入方面会持续加强。

从国际经验来看，全球主要发达国家基础研究占研发支出的比重基本为15%左右，相对而言，基础研究是上海参与全球科技创新竞争的重要基础，上海在基础研究投入方面仍有较大的提升空间（见图2-12）。

图2-11 上海基础研究经费投入及基础研究占比情况

数据来源：根据历年《上海科技统计年鉴》整理而得。

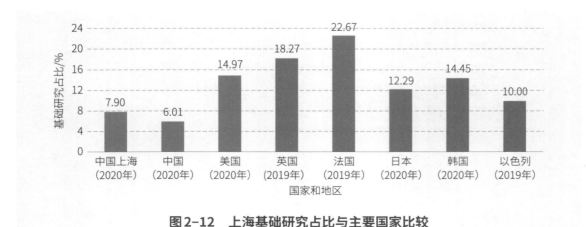

图2-12 上海基础研究占比与主要国家比较

数据来源：OECD. Research and Development Statistics2020[EB/OL].(2022-02-13)[2022-07-15]. https://stats.oecd.org/.

《关于加快推动基础研究高质量发展的若干意见》

为进一步发挥基础研究对科技创新的源头供给和引领作用，推动上海全力做强创新引擎，加快形成具有全球影响力的科技创新中心核心功能，2021年10月，上海市人民政府提出了《关于加快推动基础研究高质量发展的若干意见》，通过优化基础研究布局、夯实基础研究能力、壮大基础研究人才队伍、强化基础科研条件支撑、深化国内外交流与合作、优化基础研究发展环境6个方面的20项任务举措，力争在若干重要基础研究领域成为世界领跑者和科学发现新高地。

在复旦大学、上海交通大学和中科院上海分院试点设立基础研究特区，面向重点领域、重点团队推行长期稳定的实施周期，突出交叉融合的研究方向，探索松绑放权的管理制度，组建砥砺创新的人才队伍，加大力度推进原创性、引领性科学研究，营造有利于科学家及其团队潜心开展基础研究的环境，创造更多引领型的一流人才和团队，更好地发挥高校和科研院所基础研究主力军的作用。

政府与重点企业联合设计探索者计划，构建基础研究多元投入渠道。2021年引导企业投入超过1 000万元，市科委与联影集团和华虹集团签署合作协议框架，按照1：3的比例共同资助。

2.5 风险投资高位波动

2020年上海创业投资及私募股权投资总额为2 081.97亿元，同比增长43.98%（见图2-13），呈高位波动起伏的态势。在经历了2015年与2017年2次大幅度增长后，2018年达到波峰，风险投资总额高达2 680.94亿元，2019年呈现下降趋势，2020年逆势增长，为上海企业科技创新发展提供资金支持，助力企业开展各类创新活动。

图2-13 上海创业投资及私募股权投资总额与增长率情况

数据来源：根据《上海科技金融生态年度观察2020》整理而得。

2.6　战略科技力量不断加强

到2020年，上海共拥有国家级研发机构191家，同比增长11.7%（见图2-14），机构总数持续稳定增长，为全社会创新主体提供各类科技成果及创新服务，提升各类主体的创新能级。通过落成一批国家重点实验室、国家工程技术研究中心、国家企业技术中心等研发机构，发挥国家战略科技力量的作用，提升上海科技创新策源能力。

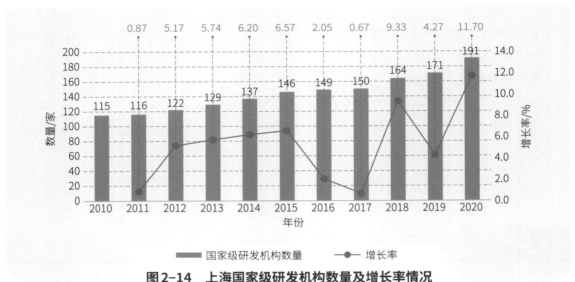

图2-14　上海国家级研发机构数量及增长率情况

数据来源：根据历年《上海科技统计年鉴》整理而得。

2020年上海市拥有的市级研发机构包括上海市重点实验室160家，上海市专业技术服务平台240家，上海市工程技术研究中心430家，上海市企业技术中心660家，上海市技术创新中心28家。地方市级研发机构给学术知识、科学发明、产业应用等创新链条提供了创新资源平台，为企业发展提供了优良的创新环境（见图2-15）。

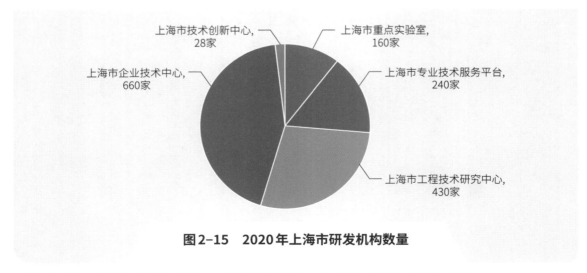

图2-15　2020年上海市研发机构数量

资料来源：上海市科学技术委员会.2021上海科技进步报告[R].上海：上海市科学技术委员会，2022.

长三角国家技术创新中心
——促进长三角一体化高质量发展的创新引擎

2021年6月3日，长三角国家技术创新中心在上海揭牌成立，是由上海市牵头、协同苏浙皖三省共建的创新中心。长三角国家技术创新中心是探索围绕建立成果转化新机制、资源配置新模式、创新要素高效流动的科技体制改革试验田，也是上海构建科创共同体、促进长三角一体化高质量发展的创新引擎。自揭牌1年多来，国创中心面向长三角重点区域，积极培育建设新型研发载体，并在这些载体中推行"多元投入、团队控股、混合所有制"的模式，用市场化的机制，最大限度地调动科研人员积极性，保障科研团队拥有机构的运营权，成果的所有权、处置权和收益权。

国创中心与区域内细分领域龙头企业合作成立联合创新中心，合作征集并提炼企业愿意出资解决的技术需求，对接全球创新资源，组织技术联合攻关。把产业真难题、企业真需求作为课题，用企业愿意出资解决作为判断真需求的"金标准"，向全球创新合作伙伴进行需求与解决方案对接。

截至2022年8月，长三角国家技术创新中心已布局先进材料（苏州）、集成电路（无锡）、太阳能光伏技术（江阴）、船舶海工装备（南通）等多领域的国家技术创新中心，已与224家企业建立了联合创新中心，已累计向合作企业提炼了技术需求867项，累计企业意向出资金额超过23.8亿元，已成功对接需求429项，合同总额超过11亿元。按照规划，"十四五"期间，长三角国创中心将高标准布局建设100家专业研究所，研发人员规模达到5万名；集聚海内外战略合作机构各100家；共建企业联合创新中心1000家；布局10家创新综合体；等等。国创中心将打造一批长三角区域科创共同体，服务并支撑长三角产业实现高质量一体化发展。

2.7 科研机构和高校使用来自企业的研发资金

2020年科研机构和高校使用来自企业的研发资金共计32.6亿元，比2019年减少了14.94亿元，同比下降31.43%。2012—2016年科研机构高校使用来自企业的研发资金稳步增加，2017—2018年逐年下降（见图2-16），直至2019年实现高速增长并达到历史峰值，2020年又有所回落。该指标体现了产学研之间的协同发展，将企业的创新需求与高校院所的研发活动紧密对接起来，提升高校院所产出成果的针对性与可行性，促进科技成果转移转化的路径更加顺畅。

图2-16 科研机构高校使用来自企业的研发资金金额及增长率情况

数据来源：根据历年《上海科技统计年鉴》整理而得。

3

科技成果国际影响力
研究分析

- 前沿科学研究水平凸显
- PCT专利申请数呈现指数级上升
- 每万人口发明专利拥有量稳步上升
- 上海科技创新斩获大量国家荣誉
- 高校科学策源能力不断提升

SSTIC Index[2021]

前沿科学研究水平凸显

2020年,上海国际科技论文收录量共计60 314篇,同比增长10.88%,10年间平均增长率达7.72%,说明上海国际科技论文收录数量处于持续稳步增长阶段。2013年和2016年有2次增长高峰,增长率分别达到19.64%和24.13%(见图3-1)。

图3-1 上海国际科技论文收录数及增长率情况

数据来源:根据《2021年国际大都市科技创新能力评价》整理而得。

2020年,上海国际科技论文被引共计3 303 353次,同比增长11.20%(见图3-2)。上海国际科技论文质量与国际影响力大幅提升,更多科学成果获得国际同行研究学者的高度肯定。其中,2013年被引论文的数量增长73.69%,达到高峰,之后国际科技论文被引数量一直呈现稳步增加态势。11年来,上海科技成果的国际影响力不断增强,在全球的科创地位逐渐攀升。

图3-2 上海国际科技论文被引数量及增长率情况

数据来源:根据《2021年国际大都市科技创新能力评价》整理而得。

从横向比较来看,上海国际科技论文10年累计被引用篇数与被引用次数在全国各省市中居于第3位,仅次于北京和江苏(见图3-3),各地国际科技论文引用数量与当地的科教资源相辅相成。

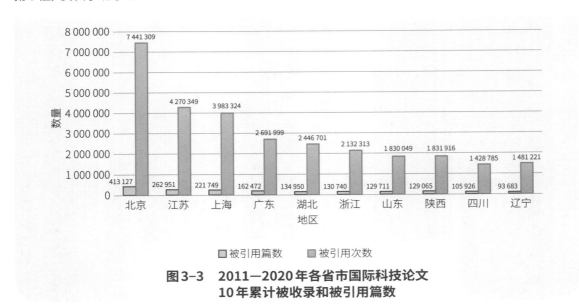

图3-3 2011—2020年各省市国际科技论文
10年累计被收录和被引用篇数

数据来源:根据《2021中国科技论文统计结果》整理而得。

国际大都市科技创新评价中心、上海市前沿技术发展研究中心、上海科学技术情报研究所与科睿唯安联合发布的《2021国际大都市科技创新能力评价》报告显示,从2018—2020年SCI、CPCI论文中筛选被ESI收录各城市的高质量论文数量来看,在全球20个主要国际大都市中,北京、伦敦、波士顿分列前3位,是拥有高质量论文数量最多的城市,上海排名第5位(见图3-4)。

图3-4 2018—2020年主要国际大都市高质量论文收录情况

数据来源:根据《2021年国际大都市科技创新能力评价》整理而得。

从学术论文研究热点技术来看,2020年上海的主要学术研究方向为材料、电子、肿瘤学、化学和物理等领域。其中,肿瘤学学科的研究热度有所上升,由2019年的第4位升至第3位。2020年药物研究与试验取代2019年光学进入前10位(见表3-1)。

表 3-1　上海学术论文研究热点技术

排名	2020年热点技术	论文数量（篇）	2019年热点技术	论文数量（篇）
1	材料科学、跨学科	6 837	材料科学、跨学科	6 268
2	工程电子与电气	4 489	工程电子与电气	4 156
3	肿瘤学	3 828	化学、跨学科	3 622
4	化学、跨学科	3 811	肿瘤学	3 396
5	应用物理	3 727	物理化学	3 252
6	物理化学	3 588	应用物理	3 175
7	环境科学	3 203	纳米科学与技术	2 572
8	纳米科学与技术	2 771	环境科学	2 349
9	药物研究与试验	2 286	生物化学与分子生物学	2 075
10	生物化学与分子生物学	2 206	光学	1 996

数据来源：根据《2021年国际大都市科技创新能力评价》整理而得。

2020年，上海SCI、CPCI学术论文排名前10位的发表机构中，上海交通大学、复旦大学、同济大学排名前3位。榜单前10名的机构中，有9家为上海本地机构，中国科学院大学以论文合作申请方入选前10位。排名第4位的中科院上海分院成为唯一一家进入榜单前10位的研究机构。榜单前10位的机构发文总量为57 463篇，占上海发文量的92.5%（见图3-5）。

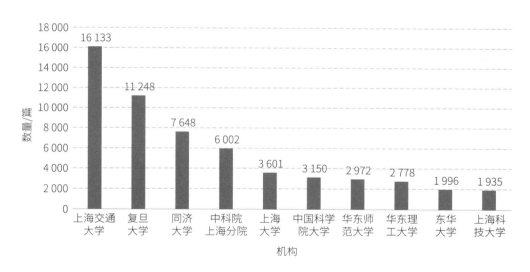

图 3-5　2020年上海SCI、CPCI论文前10位机构发表情况

数据来源：根据《2021年国际大都市科技创新能力评价》整理而得。

2020年，全球来自21个自然科学与社会科学领域60多个国家的6 167（人次）"高被引"科学家入榜。美国"高被引"科学家数量在名单中继续占据主导地位，达到2 650人次，占名单总人数的41.5%，相对2019年的44%有所下降；中国入榜人数863人次（见图3-6），连续2年位居第2名。2014年以来，中国学者在21个ESI（essential science indicators）学科领域中的上榜人数已经翻了3倍。

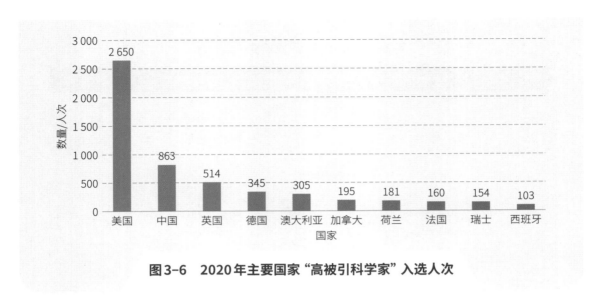

图 3-6　2020年主要国家"高被引科学家"入选人次

数据来源：科睿唯安.2020年高被引科学家 [EB/OL]. (2020-11-18)[2022-01-21]. https://clarivate.com.cn/.

2020年上海共89人次（2019年37人次，2018年39人次，2017年21人次，2016年18人次）入选"高被引科学家"榜单。从入选机构来看，2020年入选榜单中，上海交通大学16位，复旦大学16位，上海大学8位，华东理工大学7位，同济大学5位，东华大学、上海财经大学与上海理工大学各1位（见图3-7）。从入选领域来看，上海交通大学4人次入选跨学科领域，3人次入选化学领域，3人次入选物理学领域，材料科学领域、工程学领域、数学领域、植物学与动物学领域、微生物学领域、环境科学与生态学领域分别入选1人次；复旦大学11人次入选跨学科领域，3人次入选化学领域，2人次入选材料科学领域；同济大学4人次入选跨学科领域，1人次入选材料科学领域；华东理工大学5人次入选跨学科领域，2人次入选化学领域；上海大学6人次入选跨学科领域，化学领域和数学领域分别入选1人次；东华大学1人次入选工程学领域；上海财经大学1人次入选跨学科领域；上海理工大学1人次入选跨学科领域。跨学科领域成为学术研究的热点及趋势（见图3-8）。

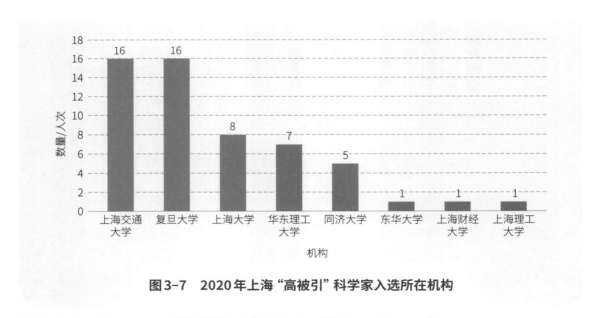

图 3-7　2020年上海"高被引"科学家入选所在机构

数据来源：科睿唯安.2020年高被引科学家 [EB/OL]. (2020-11-18)[2022-01-21]. https://clarivate.com.cn/.

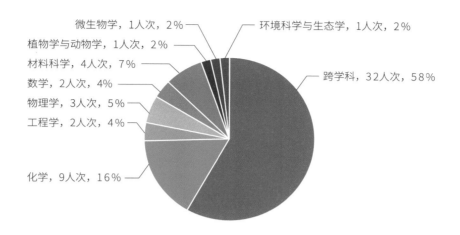

图3-8 2020年上海"高被引"科学家入选领域

数据来源：科睿唯安.2020年高被引科学家[EB/OL]. (2020-11-18)[2022-01-21]. https://clarivate.com.cn/.

3.2 PCT专利申请数呈现指数级上升

2020年上海通过《专利合作条约》（PCT）途径提交的国际专利申请量为3 558件，同比增长358件，增长率达11.19%（见图3-9）。上海PCT专利申请数量年增速保持长期稳定，为上海企业提升技术创新能力及开展国际化战略布局提供了基础。

图3-9 上海PCT专利申请量及增长率情况

数据来源：根据历年《上海科技统计年鉴》整理而得。

从全国比较来看，2020年，全国共受理PCT国际专利申请数7.2万件，同比增长18.6%。其中，6.7万件来自国内，同比增长17.9%。PCT国际专利申请排名前3名的省市分别为：广东省（2.81万件）、江苏省（0.96万件）和北京市（0.83万件）。

从国际大都市质量专利情况对比来看，从2018—2020年公开的PCT专利中，筛选50个城市中被引次数大于等于10次的专利数量进行排名。排名显示，深圳、北京、圣地亚哥为50个城市中拥有高质量PCT专利数量最多的3个城市。上海高质量专利数量达到111件，具备较高的国际专利影响力和竞争力（见图3–10）。

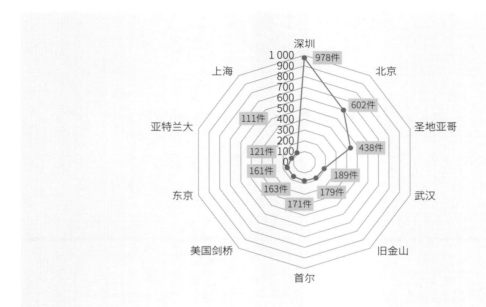

图3-10　2018—2020年主要国际大都市高质量专利数量

数据来源：根据《2021国际大都市科技创新能力评价》整理而得。

3.3　每万人口发明专利拥有量稳步上升

2020年上海市知识产权领域改革全面推进，每万人发明专利拥有量达到58.5件，同比增长9.35%（见图3–11），位居全国第2名，有效发明专利量为14.56万件，同比增长12.20%。每万人发明专利拥有量从2010年的10.4件实现了约4.6倍的增长，体现了上海知识产权跨越式的发展。

从横向对比来看，2020年全国每万人口发明专利拥有量最多的省市分别为北京市、上海市、江苏省、浙江省和广东省。其中，北京市以153.3件位于全国首位（见图3–12），高出平均水平近10倍；上海市排名第2，高出平均水平近4倍。北京和上海每万人口发明专利平均拥有量继续领跑全国其他地区，成为全国技术发明高地，也使得京津冀和长三角地区技术创新溢出和高质量发展呈现显著优势。

图3-11 上海每万人口发明专利拥有量及增长率情况

数据来源:根据《上海统计年鉴》整理而得。

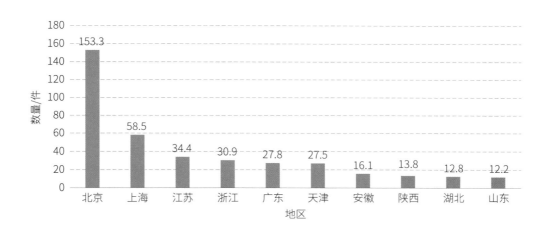

图3-12 2020年各地区每万人发明专利拥有量

数据来源:国家统计局.中国科技统计年鉴2021[M].北京:中国统计出版社,2021.

从发明专利的企业数据来看,中国发明专利授权量排名前10位的企业(不含港澳台地区企业)依次为华为技术有限公司(6 371件)、OPPO广东移动通信有限公司(3 588件)、中国石油化工股份有限公司(2 853件)等,主要分布在北京和广东两地,形成南北鼎立格局(见图3-13)。相对而言,上海仍缺乏高能级的创新标杆型企业。

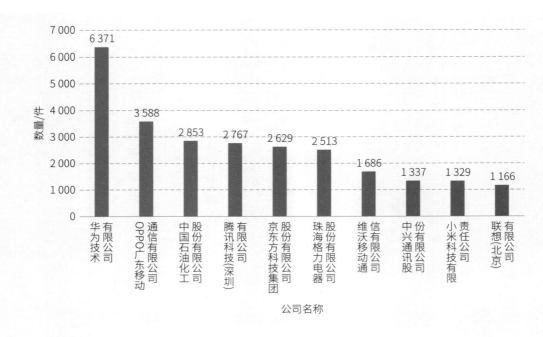

图 3-13 2020 年企业发明专利授权量

数据来源：知识产权局.2020 年国家知识产权局年报 [EB/OL]. (2021-04-27)[2022-02-25]. https://www.cnipa.gov.cn/col/col2616/index.html.

3.4 上海科技创新斩获大量国家荣誉

　　2020 年度上海市共有 48 项牵头及合作完成的重大科技成果荣获国家科学技术奖，占全国获奖总数的 17.5%（见图 3-14），连续 9 年国家级科技成果奖励占比超过 15%。上海首次同时获得"三大奖项"（国家自然科学奖、国家技术发明奖、国家技术进步奖）一等奖，实现"大满贯"。

图 3-14 上海获得国家级科技成果奖励数量及占比情况

数据来源：根据历年《上海科技统计年鉴》整理而得。

2020年度上海市科学技术奖共授予奖项281项（人），比2019年减少了27项（人）。其中，科技功臣奖1人、青年科技杰出贡献奖10人、国际科技合作奖1人，另外有自然科学技术奖45项、技术发明奖33项、科技进步奖181项、科学技术普及奖10项。从技术领域看，生物医药、电子信息、先进制造等3个领域获奖成果持续保持领先，分别占比37.6%、20.0%和12.9%（见图3-15）。

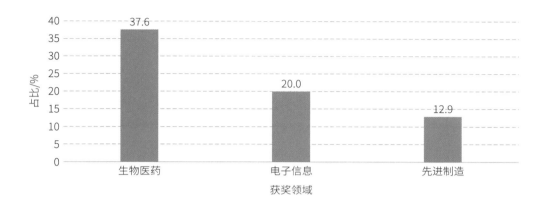

图3-15　前3名获奖领域项数占比情况

资料来源：上海市人民政府. 2020年度上海市科学技术奖[EB/OL]. (2021-05-15)[2022-02-11]. https://www.shanghai.gov.cn/nw12344/20210525/79ba956915b946a5b46f00ef63957f07.html.

上海首次同时牵头获得国家科学技术奖 "三大奖"高等级奖项

2020年度国家科学技术奖共评选出264个项目、10名科技专家和1个国际组织。其中，上海荣获48项，复旦大学赵东元院士团队完成的"有序介孔高分子和碳材料的创制和应用"项目获得国家自然科学奖一等奖，是我国对基础研究成果的最高肯定，也是上海时隔18年再获此奖项。该项目原创性地提出了"有机-有机自组装"思想，创制了有序功能介孔高分子和碳材料，揭示了介孔独特的物质输运和界面反应规律。上海市农业生物基因中心首席科学家罗利军及其团队主持的"水稻遗传资源的创制保护与研究利用"项目获得国家科技进步奖一等奖。中国成功自主研发高端磁共振设备"高场磁共振医学影像设备自主研制与产业化"项目获得国家科技进步一等奖。

此次评选是上海首次同时牵头获得"三大奖"高等级奖项，在国家自然科学奖、国家技术发明奖和国家科技进步奖等"三大奖"高等奖项中均有所收获，并牵头获得4项一等奖。同时，上海科研团队作为核心参与单位，合作获得国家科技进步奖特等奖1项（专用项目，全国共2项）、一等奖3项和国家技术发明奖一等奖1项。这是2000年以来，上海牵头获得国家一等奖数量最多的一年。在国家自然科学奖上，上海市科研团队的9项基础研究成果获奖，占全国的19.6%。在技术发明奖上，上海市获奖9项，占全国的14.8%，其中牵头1项一等奖。自2014年以来，上海占全国获自然科学奖的比例首次超过科技进步奖。经过多年来持续不懈地营造良好的科研环境，加大对基础研究的支持力度和人才团队培育，上海面向世界科学前沿的原创能力不断提升，在全国提名数量日益增多、授奖数量日趋减少的大背景下，上海获奖总数、"三大奖"各自获奖数量占全国总授奖数量的比例均比2019年有所增加，体现出上海强大的科创策源功能"硬实力"和创新生态环境"软实力"。

3.5 高校科学策源能力不断提升

2020年上海市500强大学数量及排名合成指数为7.45，同比增长34.96%（见图3-16）。从上海交通大学发布的上海软科世界大学学术排名（ARWU）榜单来看，上海共有7所高校进入榜单。其中，上海交通大学排名第63位，复旦大学排名第100位，同济大学排名第253位，华东理工大学排名第311位，上海大学排名第343位，华东师范大学排名第412位，上海科技大学排名第451位（见图3-17）。华东师范大学继2018年进入榜单之后第2次进入500强榜单，上海科技大学首次进入500强榜单，各高校排名总体稳步上升，体现了上海高校科教资源丰富且研发实力强劲。

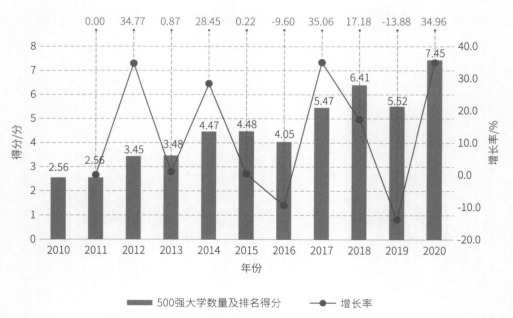

图3-16　500强大学数量及排名得分与增长率情况

数据来源：上海市统计局内部资料。

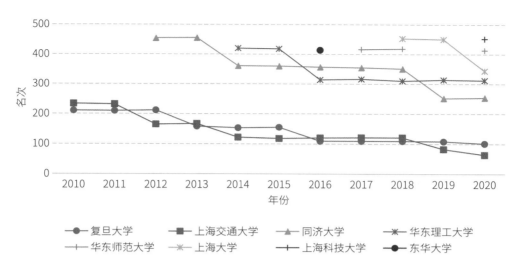

**图3-17 ARWU全球高校500强榜单中上海
上榜高校情况（位次）**

数据来源：shanghairanking. 2020—2021世界大学学术排名[EB/OL]. (2021-8-15) [2021-12-22]. http://www.
shanghairanking.com/.

2021年，来自复旦大学、上海科技大学、上海交通大学、华东师范大学、上海大学的上海科学家在国际权威学术期刊上以通讯作者单位身份共发表论文35篇，其中，在《科学》（*Science*）上发表12篇，在《自然》（*Nature*）上发表21篇，在《细胞》（*Cell*）上发表2篇。

2021年中国（不含港、澳、台地区）高校在*Nature*、*Science*和*Cell*官网上合计刊文（含在线发表，仅统计通讯作者单位）193篇，其中，在*Nature*上刊文96篇，在*Science*上刊文74篇，在*Cell*上刊文23篇。上海共有5家高校入榜，体现出上海高校具备雄厚的基础科研实力与一流的研究水平（见表3-2）。

表3-2 2021年中国（不含港、澳、台地区）高校CNS论文排行榜

名次	学校名称	CNS论文数	*Cell*	*Nature*	*Science*
1	中国科学院大学	28	1	17	10
2	清华大学	25	7	11	7
3	北京大学	24	3	13	8
4	浙江大学	22	2	9	11
5	中国科学技术大学	12	1	3	8
6	复旦大学	11	1	6	4
7	上海科技大学	10	1	6	3
8	上海交通大学	9	0	7	2
9	南京大学	7	0	5	2
10	华中科技大学	6	0	3	3
10	南方科技大学	6	0	2	4

数据来源：青塔学术.2021年中国内地高校CNS刊文统计.[EB/OL]. (2022-02-05)[2022-03-05]. https://www.cingta.com/article/detail/21770.

4

新兴产业发展引领力
研究分析

- 劳动生产率增长平稳

- 科技企业孵化器从业人数保持平稳

- 战略性新兴产业规模逐渐扩大

- 技术合作日益丰富

- 能耗水平持续下降

- 高新技术企业保持高水平增长

SSTIC Index[2021]

4.1 劳动生产率增长平稳

2020年上海全员劳动生产率达到28.17万元/人,同比增长1.59%（见图4-1）。2020年上海国民生产总值为38 700.58亿元,全市全员劳动生产率增幅较上年有所回落,但总体呈现平稳增长态势。

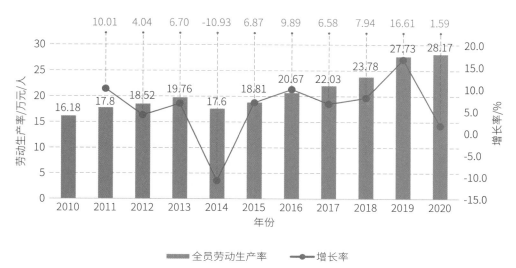

图4-1 上海全员劳动生产率及增长情况

数据来源:根据历年《上海科技统计年鉴》整理而得。

从横向比较来看,上海全员劳动生产率为28.17万元/人,略低于北京的31.02万元/人。就长三角地区而言,江苏为20.99万元/人,浙江为16.75万元/人,安徽为11.93万元/人（见图4-2）。全国劳动生产率为13.53万元/人,上海劳动生产率为全国的2倍多,且增长率显著高于全国平均水平。上海以创新驱动高质量发展催生产业结构调整与转型发展。

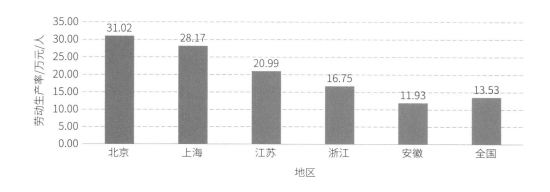

图4-2 2020年全国及各地区全员劳动生产率情况

数据来源:根据2021年中国统计年鉴和部分省市统计年鉴整理而得。

4.2 科技企业孵化器从业人数保持平稳

从国家级科技企业孵化器在孵企业从业人员情况来看，2020年从业人员数约为4.57万人，比上一年略微降低1.88个百分点，整体规模较为稳定（见图4-3）。国家级科技企业孵化器在孵企业从业人员整体规模保持稳定，是支撑创新创业发展的核心服务人才，是推动实体经济转型升级和经济高质量发展的重要支撑。

**图4-3 上海国家级科技企业孵化器在孵企业
从业人员数及增长率情况**

数据来源：根据历年《中国火炬统计年鉴》整理而得。

《上海市促进科技成果转移转化行动方案（2021—2023年）》

为持续促进本市科技成果转化，建设更高质量、更强功能、更大规模的技术市场，2021年6月，上海市人民政府办公厅印发《上海市促进科技成果转移转化行动方案（2021—2023年）》，把握市场配置、政府引导，全球视野、上海特色，问题导向、提质增效"三个原则"，从4个方面有机衔接、协同推进。在企业创新侧，强化企业创新主体地位，推动国企体制机制改革，促进各类创新要素向企业集聚，激发创新活力；在成果转化侧，建立科技成果全周期管理制度，加强技术转移运营机构建设，提高转化保障和效能；在技术转移服务能力上，增强转化载体支撑能力，大力发展专业化技术转移机构，大力培育技术转移服务人才加强服务；在技术要素市场化配置上，夯实相关交易场所功能，增强金融资本支撑，完善布局国际技术转移网络，完善技术合同登记政策，优化技术市场服务，促进全球要素资源融通。

2021年5月31日至6月2日，在主题为"以需带供·创新服务"的浦江创新论坛·全球技术转移大会上，举办了第6届中国创新挑战赛(上海)，全年汇聚953家长三角企

业有效 需求1 939项,撬动企业意向投入30.4亿元,收集解决方案413项,形成需求对接427次,解决技术需求243项,形成供需对接案例141项,意向合同金额1.5亿元;并且全年组织了16场火炬科技成果直通车(上海)国际路演对接系列活动,以战略性新兴产业领域为重点,资源横跨10多个国家和地区,引入超过130个海内外优质项目洽谈合作,对接率达40%以上,签订意向合同13项,达成意向合同金额3 926万元;正在洽谈项目10项,预计合同金额2 000万元。

4.3 战略性新兴产业规模逐渐扩大

从战略性新兴产业发展总体情况来看,2020年上海战略性新兴产业增加值占GDP比重为18.9%,比上一年增加了2.8个百分点（见图4-4）。2020年整个战略性新兴产业规模为7 327.58亿元,呈现稳定增长态势,战略性新兴产业增加值占GDP比重从2010年的12.39%增长至2018年的16.7%,2019年回落至16.1%,2020年大幅增长至18.9%,体现了战略性新兴产业在国民经济发展中的重要地位,逐渐成为产业发展中的主导。

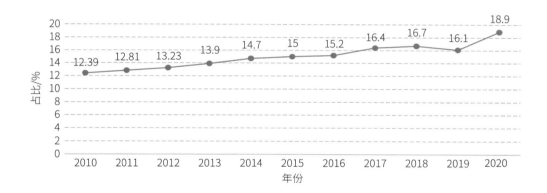

图4-4　战略性新兴产业增加值占GDP比重

数据来源：上海市统计局。

上海知识竞争力水平稳定位于亚太地区前列

根据上海市软科学基地"上海市知识竞争力与区域发展研究中心"和国际竞争力中心亚太分中心等联合发布的《2021亚太知识竞争力指数》,上海已经连续2年位列第4名（见图4-5）,体现出上海知识经济发展的水平已经位居亚太地区前列,未来上海的创新发展将持续用力、久久为功。

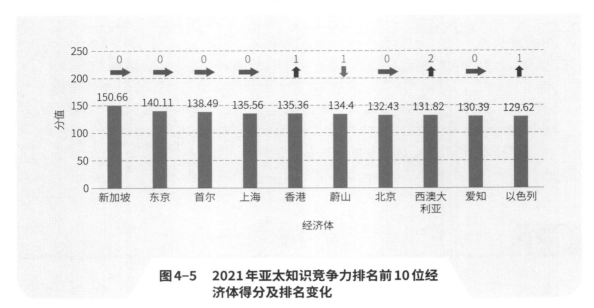

图4-5　2021年亚太知识竞争力排名前10位经济体得分及排名变化

数据来源：根据历年"亚太知识竞争力指数排行榜"整理而得。

4.4　技术合作日益丰富

2020年上海经认定技术合同数26 811项，比上年下降26.2%；合同成交额1 815.27亿元，同比增长19.25%（见图4-6）。在技术合同总量下降的同时技术成交金额上升，表明了上海科技成果转化能力和技术成果质量稳步提升，科技与经济融合发展呈现持续向好态势。从认定登记的4类技术合同来看，2020年的技术服务合同数较2019年下降近40%，这也是技术合同年度认定数量降低的主要原因（见表4-1）。

图4-6　上海技术合同成交金额及增长率情况

数据来源：根据历年《上海科技统计年鉴》整理而得。

表4-1 上海技术合同认定登记情况

年份	2012	2013	2014	2015	2016	2017	2018	2019	2020
技术合同年度认定数量（项）	27 998	26 297	25 238	22 513	21 203	21 559	21 630	36 324	26 811
成交金额（亿元）	588.52	620.87	667.99	707.99	822.86	867.53	1 303.2	1 522.21	1 815.27
技术开发 认定数量（项）	10 974	10 057	10 187	9 579	9 141	9 498	10 694	14 685	14 087
技术开发 成交金额（亿元）	297.14	267.33	299.83	321.49	309.39	513.91	683.16	1 012.54	1 145.87
技术转让 认定数量（项）	1 170	1 102	1 201	1 050	1 041	912	1 203	1 161	1 099
技术转让 成交金额（亿元）	223.48	230.15	221.99	296.98	338	271.59	311.57	251.71	314.38
技术咨询 认定数量（项）	3 026	3 094	2 876	2 458	2 211	1 819	1 140	3 417	1 215
技术咨询 成交金额（亿元）	5.17	7.4	5.96	5.32	9.69	5.36	3.44	7.06	3.57
技术服务 认定数量（项）	12 828	12 044	10 974	9 426	8 810	9 330	8 593	17 061	10 410
技术服务 成交金额（亿元）	62.73	115.99	140.21	84.2	165.78	76.68	305.03	250.9	351.45

数据来源：上海市科学技术委员会.2020上海科技成果转化白皮书[EB/OL]. (2021-07-07) [2021-12-22]. http://stcsm.sh.gov.cn/xwzx/mtjj/20210630/058966c84d274be2ba0f6c027a37e4cc.html.

从2020年上海技术合同成交金额排名靠前的技术领域来看，依次为电子信息（664.05亿元）、先进制造（522.97亿元）、生物医药和医疗器械（219.56亿元）、现代交通（138.09亿元）、新能源与高效节能（117.31亿元）（见表4-2）。电子信息、先进制造、生物医药和医疗器械连续2年稳定在上海技术合同成交金额排名前3位，总体上与上海目前聚焦的三大产业——人工智能、集成电路和生物医药高度匹配。从成交额增长率来看，成交金额排名前5位的技术领域中，同比增长最快的技术领域前3位分别是新能源与高效节能、现代交通、生物医药和医疗器械。

表4-2 2020年上海技术合同成交金额排名前5位的技术领域

合同类别	合同数（项）	占总数百分比（%）	合同数同比增长（%）	成交金额（亿元）	占总额百分比（%）	成交额同比增长（%）
电子信息	9 502	35.4	-4.0	664.05	36.6	5.1
先进制造	2 104	7.8	-49.9	522.97	28.8	35.0
生物医药和医疗器械	7 324	27.3	9.9	219.56	12.1	59.8
现代交通	443	1.7	-73.5	138.09	7.6	91.1
新能源与高效节能	1 351	5.0	-18.4	117.31	6.5	94.2

数据来源：上海市科学技术委员会.2020上海科技成果转化白皮书[EB/OL] .(2021-07-07) [2021-12-22]. http://stcsm.sh.gov.cn/xwzx/mtjj/20210630/058966c84d274be2ba0f6c027a37e4cc.html.

从横向对比来看，2020年中国登记技术合同成交金额较高的省市分别为北京（6 316.2亿元）、广东（3 465.9亿元）、江苏（2 335.8亿元）。长三角地区江苏、上海、浙江均位于前10名，其中，上海成交额以1 815.3亿元位列全国第5位（见图4-7）。

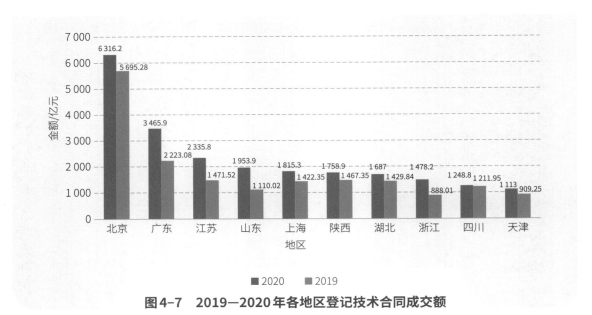

图4-7　2019—2020年各地区登记技术合同成交额

数据来源：许倞，贾敬敦.2021全国技术市场统计年报[M].北京：兵器工业出版社，2021.

4.5　能耗水平持续下降

2020年，上海每万元GDP能耗为0.314吨标准煤，同比下降了0.023吨标准煤，降幅达6.82%。2010—2020年，上海每万元GDP能耗持续下降，其中，2011年和2014年降幅超过了10个百分点，近4年也一直保持降幅大于5%（见图4-8）。从全国范围来看，2020年全国每万元GDP能耗稳定在0.49吨标准煤，与2019年基本持平，上海能耗水平显著低于全国平均水平。

图4-8　上海每万元GDP能耗情况

数据来源：根据历年《上海科技统计年鉴》整理而得。

根据《2020年分省（区、市）万元地区生产总值能耗降低率等指标公报》，2020年全国万元国内生产总值能耗比上年下降0.1%，能源消费总量增长2.2%。北京、上海、重庆能耗降低率较高，分别位列前3名，长三角中江苏能耗降低率达到3.10%，安徽、浙江每万元地区生产总值所消耗的能源总量分别比上年提升了2.03%和6.34%。说明上海能耗水平较低，产业发展环境较优，未来需要进一步带动长三角在整体经济发展的同时有效贯彻绿色生态发展理念（见图4-9）。

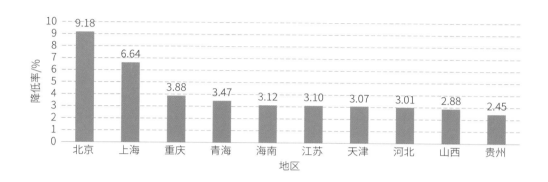

图4-9　2020年各地区万元GDP能耗降低率

数据来源：国家统计局.2020年分省（区、市）万元地区生产总值能耗降低率等指标公报[EB/OL]. (2021-08-23)[2022-02-25]. http://www.gov.cn/xinwen/2021-08/24/content_5632921.htm.

4.6　高新技术企业保持高水平增长

　　2020年上海全市高新技术企业总数为17 012家，同比增长32.41%（见图4-10），保持近3年增速大于20%的高水平增长态势，高新技术企业作为上海科技创新中心建设重要的主体，是支撑全社会科技进步与经济效益的重要力量。

图4-10　上海高新技术企业总量情况

数据来源：根据历年《上海科技统计年鉴》整理而得。

从横向对比来看，2020年广东、江苏、北京认定的高新技术企业较多，数量分别为52 797、32 734、23 991家（见图4-11）。广东的高新技术企业数量接近北京和江苏两地高新技术企业数量之和，企业科技创新水平及能力位居中国前列。长三角三省一市的高新技术企业总数均位列全国前10位，是区域高质量一体化发展的重要主体。

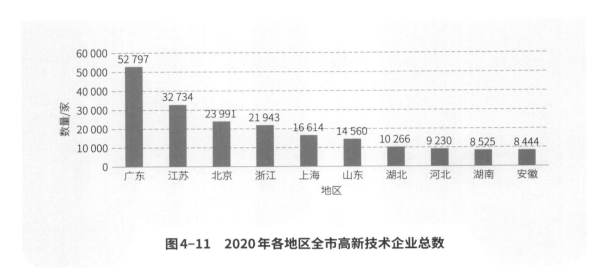

图4-11　2020年各地区全市高新技术企业总数

数据来源：根据《2021年中国火炬统计年鉴》整理而得。

推动上海市三大产业领域，实现"上海制造"加快转化

上海市政府于2022年出台《关于促进"五型经济"发展的若干意见》，提出要加快培育具有战略性和前瞻性的新兴产业集群；推动集成电路、生物医药、人工智能三大产业领域"上海创造"加快转化为"上海制造"；抓住碳达峰碳中和推动的经济社会系统性变革机遇，在新能源、节能环保、高端装备等重点领域加快集聚一批战略性新兴产业集群；立足国家战略需要，在新型海洋经济、氢能与储能、第六代移动通信等前沿领域规划布局一批面向未来的先导产业；适应、引领新需求，聚焦在线新经济等领域加快培育一批新经济集群。

上海市经信委称，2021年，上海工业增加值、三大先导产业总规模、软件与信息服务业营收、在手投资总额4项重要指标全都历史性地首次突破1万亿元。2021年，集成电路、人工智能、生物医药等三大先导产业总规模全面跨越万亿元门槛，达到1.2万亿元。其中，全市集成电路产业规模达2 500亿元，是2017年的2.2倍，在产业集聚度、综合技术水平、产业链完整度等方面领先全国，由上海兆芯集成电路有限公司研发的"中国芯"更是实现了中国在芯片领域的一大成果突破。生物医药产业规模跃上7 000亿元，是2017年的2.3倍，创新成果显著，包括全球首研新药和国际一流医疗器械，例如上药康希诺新冠疫苗量产上市。人工智能领域，目前上海产业规模超过2 800亿元，是2017年的4倍。为推动人工智能产业发展，上海在全国率先提出"应用驱动"理念

并取得显著成效,人工智能赋能工业、医疗、交通、文教、金融、商贸等领域,牵引产业链上下游协同布局,打造出标志性产业集群,以浦东张江、徐汇西岸、闵行马桥等为代表的产业空间格局持续优化,人工智能产业"上海高地"正在快速崛起。

5

区域创新辐射带动力
研究分析

- 外资研发中心成为科创中心建设的重要力量

- 技术输出不断增长

- 长三角协同创新向纵深推进

- 高新技术产品出口持续扩大

- 《财富》500强企业上海本地企业入围数和排名

SSTIC Index[2021]

2020年上海拥有外资研发中心共481家，同比增长4.34%（见图5-1）。根据商务部数据，2020年上海新增跨国公司地区总部51家，截至2020年年底，上海累计引进跨国公司地区总部771家（亚太区总部137家），全年新增外资研发中心20家，累计达到481家，是中国（不含港、澳、台地区）跨国公司地区总部和外资研发中心数量最多的城市。作为外商投资的热点和高地，上海已然成为全国外资的风向标，外商投资在加快推进开放型经济建设中发挥着至关重要的作用。

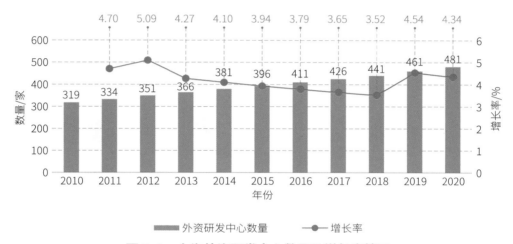

图5-1 上海外资研发中心数量及增长率情况

数据来源：根据历年《上海科技统计年鉴》整理而得。

推动研发中心向开放创新中心升级，赋能高质量创新企业

上海外资研发中心加快集聚，2021年全市新增外资研发中心25家，累计认定外资研发中心506家，其中，全球研发中心5家，外资开放式创新平台1家，由世界500强企业设立的外资研发中心约占1/4。浦东是吸引外资研发中心的主要区域。落户浦东的研发中心占全市外资研发中心的近一半，落户在张江科学城的外资研发中心占浦东的70%。外资研发中心的主要投资来源于美国、欧洲、日本等发达国家和地区。这些外资研发中心积极融入上海科技创新中心建设，强生与浦东新区政府、张江集团合作为医疗器械、制药、消费者健康领域的初创企业提供"拎包入住"服务，已吸引全球超过60家企业入驻。

2021年入驻浦东新区的开放创新中心则包括强生JLABS@上海、微软人工智能和物联网实验室、大飞机创新谷、罗氏中国加速器、百度飞桨人工智能产业赋能中心等34家，集聚赋能合作伙伴36家，赋能科创企业超过2000家。JLABS@上海已迎来70家

初创企业成功入驻，其中27家注册在浦东；微软人工智能和物联网实验室已成功赋能近160家企业，40多家企业获得数10亿元社会资本投资；红杉数字智能产业孵化中心累计吸引17家红杉中国成员企业入驻孵化中心，累计新注册浦东企业17家。

2022年，浦东新区首批13家大企业开放创新中心包括巴斯夫开放创新中心、GE医疗上海创·中心、上海诺基亚贝尔OpenX lab开放创新中心、联想上海开放创新中心等。这13家开放创新中心既有巴斯夫、GE医疗这样的跨国科技研发企业，又有联想、中船邮轮、韦尔半导体等本土创新企业，涵盖集成电路、生物医药、医疗器械、汽车电子等新兴产业领域。至此，浦东新区的开放创新中心累计已经达到47家。

罗氏制药是第一个在浦东张江投资建设生产线的跨国药企，在浦东的大企业开放创新中心计划实行背景下，其在浦东建立了全球第一个罗氏加速器。目前，已有9家本土创新企业成为罗氏加速器成员企业。截至2022年6月底，基于创新中心产生的发明专利超过290件，其中一半以上已经在中国、美国、欧盟或日本获得专利授权。迄今为止，创新中心与全球研发相关部门合作，已经将9款药物分子成功地推进到临床试验阶段。

5.2　技术输出不断增长

2020年上海向国内外输出经认定登记的技术合同金额1 268.7亿元，比2019年的1 088.1亿元增长了16.6%，输出金额占上海技术合同金额的69.9%（见图5-2）。合同金额数量近3年维持高速增长，技术对外输出合同不断增多，对外创新辐射能力不断增强。

图5-2　上海向国内外输出技术合同成交金额及增长率情况

数据来源：根据历年《上海科技统计年鉴》整理而得。

从横向对比来看,2020年全国大部分省市输出技术合同成交额稳步增长,北京、广东、江苏成交金额排名居前3位,共成交技术合同180 852项,占全国技术合同成交总项数的34.41%,成交金额为11 671.2亿元,占全国技术合同成交总金额的41.31%。上海技术合同成交额位列全国第7名,比2019年增长61.01亿元(见图5-3)。

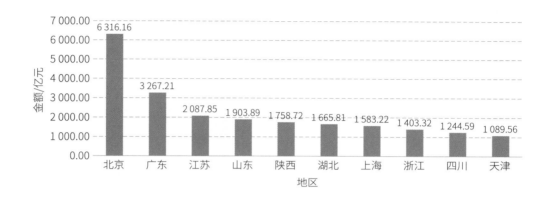

图5-3　2020年各地区输出技术合同成交金额

资料来源: 许倞,贾敬敦,张卫星 .2021全国技术市场统计年报 [M].北京: 科学技术文献出版社,2021.

5.3 长三角协同创新向纵深推进

2020年上海向长三角输出技术合同成交金额为223.1亿元,占比为14.66%,合同金额比2019年增长18.21亿元,占比增长1.2%(见图5-4)。近3年输出技术合同成交金额占比维持高位,上海与苏浙皖三省的协同合作数量加深,技术合作更为紧密。

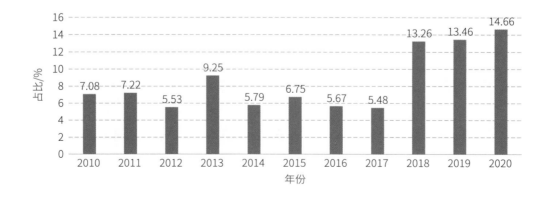

图5-4　上海向长三角输出技术合同成交金额占比情况

数据来源: 根据历年《上海科技统计年鉴》整理而得。

2020年上海流向外省市的技术合同成交总数为12 145项,占输出合同成交总数的45.3%,技术合同成交金额为944.92亿元,占输出合同成交总金额的52.1%。从2020年上海技术合同流向来看,上海输出技术合同成交数前3位是江苏、广东和北京,数量分别为2 436项、2 040项和1 678项。上海输出技术合同成交金额前3位是广东、江苏、北京,金额分别为287.55亿元、149.49亿元、127.4亿元(见图5-5)。

近11年来,上海与苏浙皖技术市场成交合同金额呈波动上升趋势,2018年急速攀升至172.79亿元,2019年和2020年保持增长并达到223.1亿元。江苏和上海的技术交易活跃、合作紧密,上海和浙江的交易金额紧随其后,上海和安徽的交易金额目前较小。

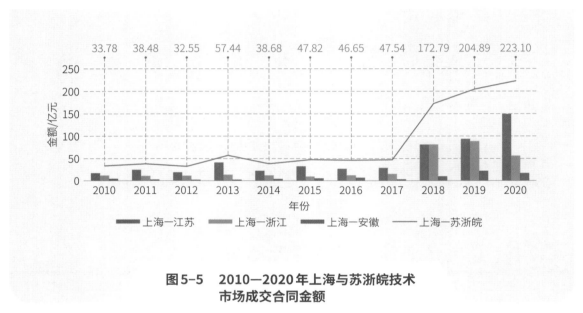

**图5-5　2010—2020年上海与苏浙皖技术
市场成交合同金额**

数据来源:根据历年《上海科技统计年鉴》整理而得。

5.4　高新技术产品出口持续扩大

2020年上海高新技术产品出口额为5 782.06亿元,比2019年的5 647.2亿元出口额略有上升,总体而言,近几年稳定在较高水平(见图5-6)。回顾近11年的高新技术产品出口态势,出口额在2012—2014年与2017—2020年处在波峰,其中,2012年与2017年呈现近10个百分点的高速增长状态。

从全国范围来看,2020年高新技术产品出口额广东为15 037.67亿元,江苏为10 222.9亿元,上海为5 782.06亿元,上海对国外的区域辐射带动力较强(见图5-7)。从高新技术产品出口额占出口总额比重来看,广东和江苏占比在35%左右,上海超过40%,体现了上海为全球提供先进技术与高技术产品的规模与实力。

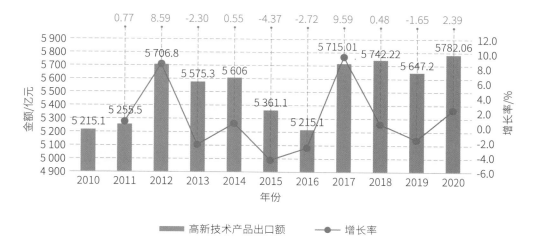

图5-6 上海高新技术产品出口额及增长率情况

数据来源：根据历年《上海统计年鉴》整理而得。

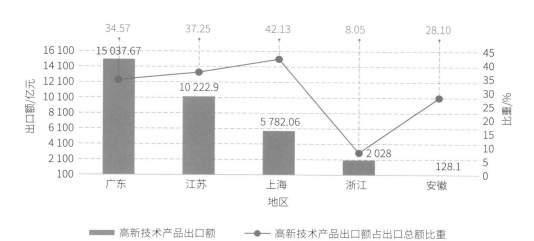

图5-7 2020年部分省市高新技术产品出口额及占出口总额比重情况

数据来源：根据2020年部分省市统计年鉴整理而得。

5.5 《财富》500强企业上海本地企业入围数和排名

2020年上海《财富》500强企业入围数量和排名综合得分为9.54，同比增长24.71%，较2019年有了较大幅度的增长。2010—2020年综合得分呈现先逐年提升后维持稳定的状态，其中，2013年增长率最高，达到31.60%，2016年得分达到阶段峰值9.52，之后3年入围企业数和企业排名趋于稳定并小幅下降，2020年逆势增长（见图5-8）。

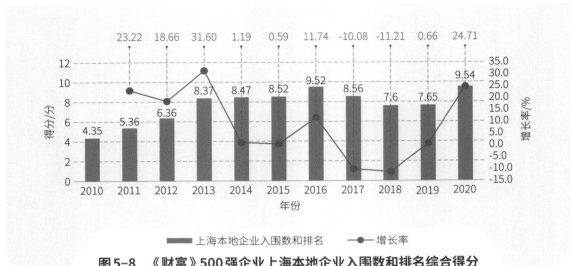

图5-8　《财富》500强企业上海本地企业入围数和排名综合得分

数据来源：上海市统计局内部资料。

2020年《财富》500强榜单上海共有9家企业入围，入围企业名单与2019年一致，营业收入与排名比2019年整体有提高（见表5-1）。总体上，《财富》500强在沪企业盈利能力和综合实力明显提升。

表5-1　上海《财富》500强上榜企业年度排名情况

2020年排名	2019年排名	2018年排名	公司名称	营业收入（百万美元）
60	52	39	上海汽车集团股份有限公司	107 555.20
72	111	149	中国宝武钢铁集团	97 643.10
137	162	150	交通银行股份有限公司	67 605.50
142	176	202	绿地控股集团有限公司	66 095.80
158	193	199	中国太平洋保险（集团）股份有限公司	61 185.70
201	220	216	上海浦东发展银行股份有限公司	52 628.30
231	264	279	中国远洋海运集团有限公司	47 998.30
363	423	未上榜	上海建工集团股份有限公司	33 525.60
437	473	未上榜	上海医药集团股份有限公司	27 812.90

资料来源：财富. 2021年《财富》世界500强排行榜[EB/OL]. (2021-08-02)[2022-01-21]. https://www.fortunechina.com/fortune500/c/2021-08-02/content_394571.htm.

6

创新创业环境吸引力
研究分析

- 生态环境更加友好
- 政策环境持续优化
- 公民科学素质水平达标率
- 新设立企业数占比趋于平稳
- 固定宽带下载速率
- 上海独角兽企业数量

SSTIC Index²⁰²¹

6.1 生态环境更加友好

2020年上海全年环境空气质量（AQI）优良天数为319天,优良率为87.2%（见图6-1）,优良天数较2019年的309天增加了10天,优良率比上年增加了2.5个百分点。细颗粒物（PM2.5）年均浓度为32微克/立方米,较2019年下降8.57%,达到国家二级标准,环境空气质量持续改善。

图6-1 上海环境空气质量优良率

数据来源: 根据历年《上海市生态环境状况公报》整理而得。

根据中华人民共和国生态环境部发布的《2020中国生态环境状况公报》,2020年全国337个地级及以上城市中平均优良天数比例为87.0%,比2019年上升5.0个百分点。其中,17个城市优良天数比例为100%,243个城市优良天数比例为80%～100%,74个城市优良天数比例为50%～80%,3个城市优良天数比例低于50%（见图6-2）。这说明全国市级层面生态环境整体较好。上海空气质量较优,为吸引人才来沪进行科技创新与创业提供了强有力的环境保障。

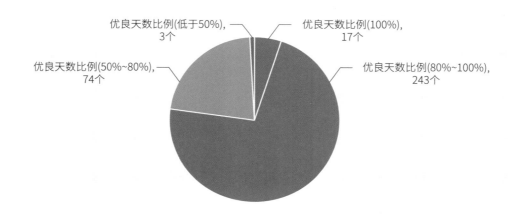

图6-2 2020年全国地级及以上城市AQI情况

数据来源: 中华人民共和国生态环境部.2020中国生态环境状况公报 [EB/OL]. (2021-05-26)[2021-12-22]. https://www.mee.gov.cn/hjzl/sthjzk/zghjzkgb/202205/P020220608338202870777.pdf.

　　2020年上海市研发加计扣除与高企税收减免额为659.51亿元,同比增长20.28%（见图6-3）。上海企业主体的创新环境不断优化,普惠性优惠政策不断推动,社会投入研发创新的积极性和动力是企业创新发展的重要支撑。

图6-3　上海研发加计扣除与高企税收减免额及增长率情况

数据来源：上海市统计局内部资料。

　　从享受研发加计扣除优惠的上海企业数量来看,2020年为15 319家,同比减少28.64%。研发费用加计扣除落实上年度减免税额327.62亿元,同比减少14.26%（见图6-4）。由此可见,科创中心建设以来,上海加快产业结构调整,税收优惠政策力度不断加大,中小企业创新不断完善,全社会自主创新积极性和动力不断提升。

图6-4　上海企业享受研发加计扣除税收优惠数量及金额情况

数据来源：上海市统计局内部资料。

2020年上海年内新认定高新技术企业7 396家,有效期内高新技术企业数累计达17 012家。享受税收优惠的高新技术企业为3 127家,优惠金额为201.26亿元(见图6-5)。上海高新技术企业享受优惠政策的主体更多,每家企业享受的税收优惠额加大,减轻企业经济负担,更好地营造有利于高新技术企业发展的创新创业政策环境。

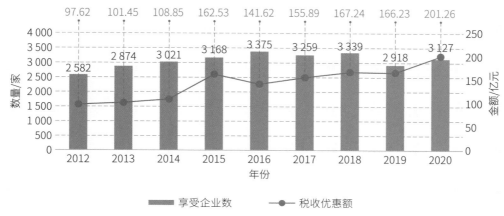

图6-5 上海高新技术企业享受税收优惠数量及金额情况

数据来源:上海市统计局内部资料。

科技创新券
——促进长三角科技型中小企业科技创新

科技型中小企业技术含量高、创新能力强,是极具活力和潜力的创新主体,是强化企业创新主体地位的重要力量,抓科技型中小企业发展就是抓经济发展的未来。为营造更好的环境来支持科技型中小企业研发,促进科技型中小企业成长为创新重要发源地,2021年2月,三省一市科技部门在长三角生态绿色一体化示范区等五地开展了长三角科技创新券通用通兑试点。

长三角科技创新券(以下简称"创新券"),是指利用长三角试点区域财政科技资金,支持试点区域内科技型中小企业向长三角区域内服务机构购买专业服务的一种政策工具。面向符合《科技型中小企业评价办法》(国科发政〔2017〕115号)有关要求的中小企业,采用电子券形式,给予每家企业不超过30万元的额度。首批试点区域为上海市青浦区、江苏省苏州市吴江区、浙江省嘉善县、安徽省马鞍山市。

截至目前,申领企业共计538家,纳入机构521家,创新券政策以1:2的杠杆效应撬动企业进行创新活动:发放金额2.8亿元,服务金额达到5 150万元,拟财政支出2 164万元。开展服务214单,其中主要以技术研发服务为主,占订单数量的47.6%,服务金额为4 081.85万元。

6.3 公民科学素质水平达标率

2020年上海公民科学素质水平达标率为24.30%（见图6-6），比2019年《中国公民科学素质建设报告》中公布的数字提高了1.17个百分点，连续5次居于全国首位，优势显著的公民科学素质水平是建设具有海派特色创新文化的坚实基础。

图6-6　上海公民科学素质水平达标率及增长率情况

数据来源：根据历年《中国公民科学素质建设报告》整理而得。

6.4 新设立企业数占比趋于平稳

2020年新注册市场主体41.79万户，比2019年减少1.36万户。2017年以来新注册市场主体数量基本保持稳定。2019年累计企业数量220.77万户，在占比连续3年稳定在17.5%左右之后实现小幅提升（见图6-7）。上海创新活力充沛，新的市场主体不断涌现。

图6-7　上海新设企业数占比情况

数据来源：上海市统计局内部资料。

6.5　固定宽带下载速率

2020年上海固定宽带下载速率达50.32Mbit/s，同比增长19.95%（见图6-8），在全国主要地区中排名第一。截至2020年第三季度，上海千兆固定宽带已覆盖960万户家庭，实现"万兆到楼，千兆入户"。上海整体5G下载平均速率约为4G下载平均速率的10倍，达到了335.19Mbps。截至2019年年末，在上海开通的国际海光缆容量约为22Tbps，上海国际出口局提供的互联网国际出口带宽5TB，比2018年年末增加343GB。固网宽带上海已分配IPv6地址超过550万个，占家庭宽带用户的80%，全国平均值为52.7%。LTE网络IPv6已分配地址用户超过3 000万个，占4G上网用户数的97.1%，全国平均值为94.5%。

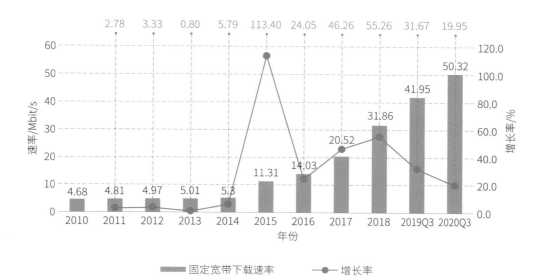

图6-8　上海固定宽带下载速率及增长率情况

数据来源：根据历年《中国宽带速率状况报告》整理而得。

6.6　上海独角兽企业数量

根据长城战略咨询研究所发布的《2021年中国独角兽企业研究报告》，2020年中国独角兽企业数量达到251家，分布于29个城市、27个赛道和88个细分赛道，总估值超过万亿美元（见图6-9）。

中国前沿科技独角兽企业数量上升，新一代信息技术（人工智能、大数据、云服务、智能硬件、量子科技）、医疗健康（创新药与器械）、新能源与智能汽车、物联网平台、智慧物流等前沿科技独角兽企业共88家，比2019年多了19家。

2020年，上海44家独角兽企业分布于20个行业，其中，新能源与智能汽车、集成电路、创新药与器械分别有5家、4家、4家，位列前3名（见图6-10）。平安医保科技属于医疗健康领域，以

88亿美元的估值位列上海第1位、全国第15位。华人文化属于新文娱领域,以61.5亿美元的估值位列上海第2位、全国第21位。威马汽车属于新能源汽车领域,以60亿美元的估值位列上海第3位、全国第22位。

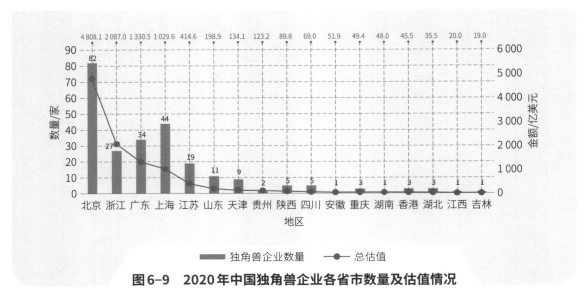

图6-9 2020年中国独角兽企业各省市数量及估值情况

数据来源:长城战略咨询.2021年度中国独角兽企业榜单[EB/OL]. (2021-04-27). [2022-01-11].http://www.gei.com.cn/yjcg/8306.jhtml.

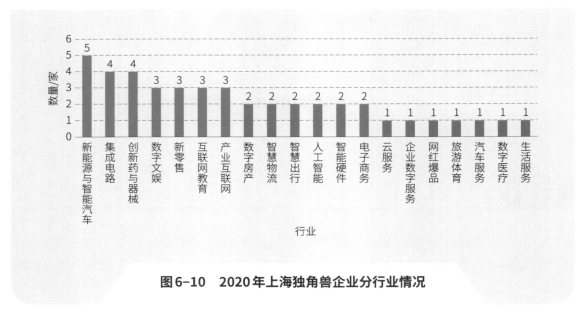

图6-10 2020年上海独角兽企业分行业情况

资料来源:长城战略咨询.2021年度中国独角兽企业榜单[EB/OL]. (2021-04-27)[2022-01-11].http://www.gei.com.cn/yjcg/8306.jhtml.

7

附录

- 指标解释
- 全球智库城市排名中上海的位置

SSTIC Index[2021]

7.1 指标解释

01 全社会研发经费支出相当于GDP的比例

指全社会用于科学研究与试验发展活动的经费支出相当于地区生产总值的比例。该指标不仅是反映创新投入的指标，能够较好地评价一个地区的科技创新能力和水平，实际上也是反映结构调整，衡量经济和科技结合、科技经济协调发展的重要指标。该指标在世界范围内得到普遍应用，具有很好的国际可比性，是《国家"十三五"科技创新规划》和《上海市"十三五"科技创新规划》的核心指标之一。

02 规模以上工业企业研发经费与主营业务收入比

规模以上工业企业研发经费与主营业务收入的比值（规模以上工业企业指年主营业务收入为2 000万元及以上的工业法人单位），是用来衡量企业创新能力和创新投入水平的重要指标。该指标一方面反映了企业是否成为创新活动主体，另一方面直接影响到全国研发经费投入强度。该指标也是《国家"十三五"科技创新规划》的核心指标之一。

03 每万人R&D人员全时当量

R&D人员指从事研究与试验发展活动的人员，包括直接从事研究与试验发展课题活动的人员，以及研究院、所等从事科技行政管理、科技服务等工作的人员。R&D人员全时当量是指从事R&D活动的人员中的全时人员折合全时工作量与所有非全时人员工作量之和，非全时人员按实际投入工作量进行累加。该指标是衡量一个地区创新人力资本的重要指标之一，也是《国家"十三五"科技创新规划》和《上海市"十三五"科技创新规划》的重要指标。

04 基础研究占全社会研发经费支出比例

基础研究是指为获得新知识而进行的创造性研究，其目的是揭示观察到的现象和事实的基本原理和规律，而不以任何特定的实际应用为目的。其成果以科学论文和科学著作为主要形式。创新型国家的一个重要特征是基础研究占研发总投入的比例较高。国际主要创新型国家的这一指标大多为15% ～ 30%。

05 创业投资及私募股权投资总额

创业投资（VC）是指由职业金融家投入新兴的、迅速发展的、有巨大竞争力的企业中的一种权益资本，是以高科技与知识为基础，生产与经营技术密集的创新产品或服务的投资。私募股权投资（PE）主要指创业投资后期，对已经形成一定规模并产生稳定现金流的成熟企业的私募股权投资。VC/PE投资对一个地区的创新创业发展具有重要作用。

06 国家级研发机构数量

国家级研发机构指本市范围内由国务院及国家各部委设立或审批确认的各类研发机构，包括国家级企业技术中心、国家重点实验室、国家工程技术研究中心和国家工程研究中心。国家级研发机构具有较强的研发水平和良好的科研溢出和引领带动作用，是科技创新非常重要的平台与载体，是反映地区科技创新基础的重要指标。

07 科研机构和高校使用来自企业的研发资金

指科研机构和高校研发资金中来自企业的资金额。该指标能够反映产学研合作的密切程度，体现企业在本市科技创新体系中的主体地位，且具有良好的国际可比性。

08 国际科技论文收录数

国际科技论文收录数是指被《科学引文索引》（SCI）、《工程索引》（EI）和《科技会议录引文索引》（CPCI-S，原ISTP）三大国际主流文献数据库收录的期刊论文和会议论文数量。国际科技论文收录数是反映本市高水平科技成果产出的重要指标。

09 国际科技论文被引用数

国际科技论文被引用数是指国际科技论文被其他论文引用的总次数。该指标能够反映出本市科研成果在国际学术界的影响力。

10 国际专利（PCT）申请量

国际专利（PCT）申请是指通过《专利合作条约》（PCT）途径提交的国际专利申请。该条约规定，一项国际专利申请在申请文件中指定的每个签字国都有与本国申请同等的效力。通过该条约，申请人只要提交一件专利申请，即可在多个国家同时要求对发明创造进行专利保护。国际专利（PCT）申请量也是《上海市"十三五"科技创新规划》的核心指标。

11 每万人口发明专利拥有量

每万人口发明专利拥有量是指每万人拥有经国内外知识产权行政部门授权且在有效期内的发明专利件数，该指标能够衡量一个地区所获发明专利的价值和市场竞争力。该指标也是《国家"十三五"科技创新规划》《上海市"十三五"国民经济发展规划纲要》和《上海市"十三五"科技创新规划》的核心指标。

12 国家级科技成果奖励占比

国家级科技成果奖励占比指本市所获国家自然科学奖、国家技术发明奖、国家科学技术进步奖等3类奖项总数在全国所占的比例。该指标反映了本市科技成果在全国的地位和贡献。

13 500强大学数量及排名

500强大学数量及排名是根据美国教育媒体USNews联合汤森路透发布的世界500强大学榜单中上海高校入围数量和排名综合合成的指数,主要反映本市大学教育和科研的综合水平。

14 全球"高被引"科学家上海入围人次

美国汤森路透集团每年发布的全球"高被引科学家"(highly- cited researchers)榜单通过对21个学科领域的论文"他引次数"进行排序,排名在前1%的论文为该领域的"高被引论文",这些论文的作者则入选该学科领域"高被引作者"。该榜单较为客观地反映了科学家的学术影响力和前沿引领性,具有较高的权威性。

15 全员劳动生产率

全员劳动生产率指根据产品的价值量指标计算的平均每一个从业人员在单位时间内的劳动生产量,该指标数据由地区生产总值除以同一时期全部从业人员的平均人数计算得到。该指标反映了全社会单位劳动所创造的价值,体现了区域社会生产力的综合发展水平。

16 国家级科技企业孵化器在孵企业从业人员数

国家级科技企业孵化器在孵企业从业人员数反映了上海市在创新创业方面拥有的人才储备。

17 战略性新兴产业增加值占GDP比重

战略性新兴产业包括《战略性新兴产业分类(2018)》中的新一代信息技术产业、高端装备制造产业、新材料产业、生物产业、新能源汽车产业、新能源产业、节能环保产业、数字创意产业、相关服务业等九大领域。战略性新兴产业增加值占GDP比重是测度战略性科技创新产业的发展水平及对全市生产总值的贡献度。

18 技术合同成交金额

技术合同成交金额是指技术开发、技术转让、技术咨询和技术服务等4类技术合同的成交额。该指标体现了技术交易市场的活力,也反映了知识经济的发展水平。

19 每万元GDP能耗

每万元GDP能耗是指一定时期内,本市每万元生产总值所对应的能源消耗量。该指标反映了本市经济结构和能源利用效率的变化,体现了绿色发展的理念。

20 全市高新技术企业总数

根据《高新技术企业认定管理办法》规定，高新技术企业是指在国家重点支持的高新技术领域内，持续进行研究开发与技术成果转化，形成企业核心自主知识产权，并以此为基础开展经营活动，在中国境内（不包括港、澳、台地区）注册1年以上的居民企业。高新技术企业是发展高新技术产业的重要基础，是创造新技术、新业态和提供新供给的生力军，在我国经济发展中占有十分重要的战略地位。

21 外资研发中心数量

外资研发中心指由境外组织、企业、个人在本市投资设立的独资或合资性质的各类研究开发机构，是提高创新要素跨境流动便利性、承担全球研发职能、加强与境内外科研院所和企业合作的重要载体。2015年10月，上海发布了《上海市鼓励外资研发中心发展的若干意见》。

22 向国内外输出技术合同额

向国内外输出技术合同额指本市向国内外输出技术合同成交金额。该指标体现了本地技术创新的对外辐射力、技术溢出能力，体现了上海对外的产业影响力。

23 向长三角（苏浙皖）输出技术合同额占比

指本市向江苏、浙江、安徽三省输出技术合同成交总金额占各类技术合同成交总金额（包含本地技术合同成交金额、输出技术合同成交金额和引进技术合同成交金额）的比重。该指标反映了长三角区域创新体系内部创新资源配置的优化、创新协同的密切化，也体现了上海对长三角地区的科技创新辐射力和产业创新引领力。

24 高新技术产品出口额

高新技术产品是指符合国家和省级《高新技术产品目录》的新型产品，包括计算机与通信技术、生命科学技术、电子技术、计算机集成制造技术、航空航天技术、光电技术、生物技术、材料技术和其他技术共9类产品。该指标体现了本市高新技术产业领域的竞争力和产业转型升级的成效。

25 《财富》500强企业上海本地企业入围数和排名

《财富》500强企业上海本地企业入围数和排名是根据《财富》杂志每年发布的世界500强公司榜单中上海本地企业入围数量和排名综合合成的指数。该指标体现了上海本土龙头企业的国际地位和综合竞争力。

26 环境空气质量优良率

环境空气质量优良率指全年环境空气污染指数(API)达到二级和优于二级的天数占全年天数的百分比。空气质量已经成为影响区域生态环境、生活环境、工作环境和创新创业环境的重要因素。

27　研发费用加计扣除与高企税收减免额

研发费用加计扣除与高企税收减免额是指税务机关实际完成的对于本市企业研发费用加计扣除和高新技术企业所得税减免的数额。研发费用加计扣除是指依据《中华人民共和国企业所得税法》规定，企业开发新技术、新产品、新工艺发生的研究开发费用，可以在计算应纳税所得额时加计扣除。高企税收减免是指依据《高新技术企业认定管理办法》及《国家重点支持的高新技术领域》认定的高新技术企业，可以依照《企业所得税法》《企业所得税法实施条例》《中华人民共和国税收征收管理法》《中华人民共和国税收征收管理法实施细则》及地方有关规定享受税收减免。研发费用加计扣除与高企税收减免是具有代表性的与科技创新密切相关的税收政策。该指标反映了这两项税收减免政策的执行效果，也表征为企业营造了良好的政策环境。

28　公民科学素质水平达标率

公民科学素质水平达标率是指根据中国公民科学素质调查结果，本市公民具备科学素质的比例。公民科学素质是上海建设具有全球影响力的科技创新中心不可或缺的基础。

29　新设立企业数占比

新设立企业数占比指当年新设立企业数与上一年企业总数之比，是表征经济增长活力的重要指标。当新增企业相对集中于某一产业领域时，表明经济结构变化和市场成长的趋势特征。该指标也是《上海市"十三五"科技创新规划》的指标。

30　固定宽带下载速率

固定宽带下载速率是指本市固定宽带网络平均下载速率，是智慧城市建设的重要指标。完善的信息技术设施在科技创新中心建设中具有不可或缺的基础性意义。

31　上海独角兽企业数量

独角兽企业指成立时间不超过10年、获得过私募投资、尚未上市且企业估值超过（含）10亿美元的企业。独角兽企业在一定区域的密集涌现，反映了区域科技创业、高端创业活跃，创新经济蓬勃发展的态势。本指标数据统计来源为科技部火炬中心和长城企业战略研究所联合发布的《中国独角兽企业发展报告》榜单。

　　近年来,一些知名跨国企业和国际智库机构每隔1～2年发布全球城市创新能力和竞争力榜单,如英国普华永道的"机遇之都"、日本森纪念财团的"全球城市实力指数"、澳大利亚2thinknow智库的"全球创新城市指数"和美国科尔尼咨询公司的"全球城市指数"等。以相关榜单为依据,我们对2010—2021年,上海、伦敦、巴黎、东京、纽约、旧金山、多伦多、新加坡*、香港、北京、首尔、莫斯科等12座全球主要大都市的排名变化进行比较。

　　从相关榜单排名结果可见,纽约、伦敦、东京、巴黎等发达国家大都市处于全球创新城市一线地位。上海的创新能力和竞争力目前与领先城市相比仍有一定差距。

伦敦	新加坡	多伦多	巴黎
纽约	旧金山	香港	首尔
东京	北京	上海	莫斯科

* 注:此处新加坡指城市。

森纪念财团"全球城市实力指数"

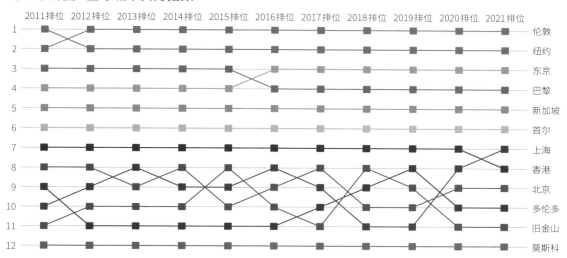

2thinknow "全球创新城市指数"

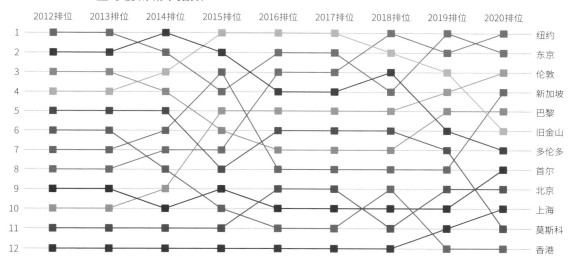

科尼尔"全球城市指数"

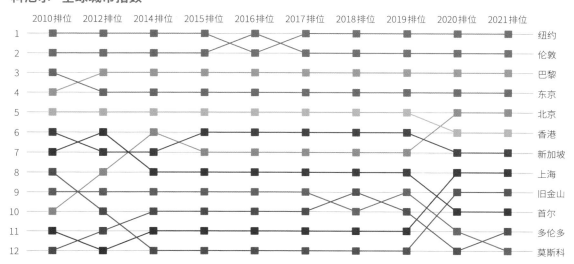

POSTSCRIPT
后记

《上海科技创新中心指数报告2021》在上海市科学技术委员会的指导下，由上海市科学学研究所组织编制完成。报告研究编写组主要成员包括张宓之、何雪莹、张宇、常静、王雪莹、胡曙虹、张伟深、吴和雨、顾震宇、刘华林、王茜、王杨、阮妹、吴靖瑶等。

在本期指数报告的研究编制过程中，得到了上海市统计局、上海科学技术情报研究所、上海市研发公共服务平台管理中心、上海市科技创新服务中心等单位的大力支持与宝贵建议，在此一并表示衷心的感谢！

评估上海科技创新中心发展水平，监测国际科技创新中心发展动态，需要深入探索研究区域创新发展的态势与规律。结合《上海市建设具有全球影响力的科技创新中心"十四五"规划》的发展路线图，我们期待能与更多的专家学者深入探讨交流，汲取远见卓识，强化指标的全球对标与可比性，不断完善"上海科技创新中心指数年度系列报告"，更加及时、准确、系统地反映上海科创中心发展的新趋势与新需求，共同见证上海形成具有全球影响力的科技创新中心核心功能。

上海市科学学研究所

2022年12月